PROBLEMAS DE ASTROFÍSICA

MÁS DE 100 EJERCICIOS RESUELTOS

Una recopilación para estudiantes
que desean iniciarse en la Física del Cosmos

Almudena Zurita Muñoz (UGR)
Antonio José Cuesta Vázquez (UCO)
Estrella Florido Navío (UGR)
Jorge Jiménez Vicente (UGR)

PROBLEMAS DE ASTROFÍSICA

MÁS DE 100 EJERCICIOS RESUELTOS

Una recopilación para estudiantes
que desean iniciarse en la Física del Cosmos

Granada
2026

COLECCIÓN MANUALES MAJOR
CIENCIAS

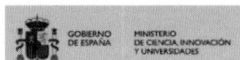

Esta publicación contó con el apoyo financiero de la Junta de Andalucía mediante las ayudas del Plan Andaluz de Investigación, Desarrollo e Innovación (PAIDI) al grupo FQM-108 del sistema universitario Andaluz, así como del proyecto "Plan Complementario de I+D+i en el área de Astrofísica" financiado por la Unión Europea en el marco del Plan de Recuperación, Transformación y Resiliencia - *NextGenerationEU* y por la Junta de Andalucía. Este libro se ha maquetado utilizando con la ayuda de *LaTeX* (https://www.latex-project.org/) usando la clase *kaobook* (https://github.com/fmarotta/kaobook/).

© LOS AUTORES
© UNIVERSIDAD DE GRANADA

ISBN: 978-84-338-7686-7
Depósito legal: GR./ 50-2026
Edita: Editorial Universidad de Granada
      Campus Universitario de Cartuja
      Colegio Máximo, s.n., 18071, Granada
      Telf.: 958 24 39 30 - 958 24 62 20
      www: editorial.ugr.es
Fotocomposición: TADIGRA, S.L. Granada
Diseño de cubierta: TADIGRA, S.L. Granada
Imprime: **Gráficas La Madraza**. Albolote. Granada

Printed in Spain   *Impreso en España*

Índice general

Prólogo

La Astrofísica es una ciencia que suele despertar vocaciones, pero también es compleja en su estudio. Y hay buenos motivos para ello: es una ciencia que requiere conocimientos de muchas ramas de la física (mecánica, tanto clásica como relativista, termodinámica, electromagnetismo, óptica, mecánica cuántica, etc) e incluso de otras cuestiones técnicas (métodos de detección y medida de radiación electromagnética, relojes atómicos de alta precisión, entre otros). Por si esto fuera poco, las técnicas de estudio en Astrofísica son bastante diferentes de las de otras disciplinas de la física. Y lo son por motivos varios, pero el más importante seguramente sea que sus objetos de estudio, los astros y el universo en su conjunto, ofrecen enormes dificultades para obtener información, tanto por su tamaño como por las escalas de tiempo involucradas que son, por lo general, mucho mayores que la vida de un astrónomo o incluso varias generaciones de ellos. Afortunadamente, el hecho de que la velocidad de la luz sea finita juega en nuestro favor, ya que nos permite mirar al pasado cuando recibimos la luz de objetos más alejados.

Pero, a pesar de que todo esto pueda parecer desalentador, los conocimientos astrofísicos al nivel al que se enseña en los primeros cursos de un grado universitario en física, no son tan difíciles, y son asequibles a la mayoría de los estudiantes. Y una de las formas de adquirir esos conocimientos es, sin duda, la resolución de problemas. Aunque existen algunos libros publicados, los alumnos se lamentan con frecuencia de que no encuentran suficientes problemas resueltos (en castellano) para ayudarles en su aprendizaje de estos conocimientos básicos en Astrofísica. Y aquí es donde este pequeño libro pretende jugar su papel, y rellenar, en la medida de lo posible, esta carencia.

El libro contiene más de 100 problemas resueltos, intentando cubrir la mayor cantidad posible de contenidos a ese nivel de primeros cursos de grado universitario. Éstos están separados en varias categorías: Astronomía de posición, Observaciones astronómicas, Mecánica celeste y Sistema Solar, Estrellas, y Galaxias y Cosmología.

Este libro ha sido escrito por varios profesores universitarios con años de experiencia en la impartición de asignaturas de Introducción o Fundamentos de Astrofísica. Escribir un libro entre varios autores no es, en general, tarea fácil. Siempre surgen diferencias de estilo y/o criterio, y es a veces difícil dar al libro un aspecto uniforme. El lector detectará, sin duda, algunas de esas diferencias de estilo, pero creemos que aportan un toque enriquecedor más que un defecto y no quitan al libro la uniformidad requerida.

De la Universidad de Granada salió un libro pionero en este sentido: 100 Problemas de Astrofísica, publicado en Alianza Editorial, escrito por Eduardo Battaner y Estrella Florido (también autora del presente libro). Sigue siendo un manual de referencia al que este viene a complementar.

Cada capítulo del libro contiene una breve introducción sobre la temática a la que hacen referencia los correspondientes problemas, que lejos de ser completa y/o profunda (para ello deben consultarse los numerosos libros de texto publicados de fundamentos de Astrofísica) pretende servir de recordatorio y establecer la notación, sistemas de referencia o criterios adoptados por los autores. Para este fin, presentamos al final de este volumen tablas que contienen un listado con los símbolos y con las constantes físicas de uso más frecuente. El lector debe por tanto utilizar estas tablas, pues los datos necesarios para la resolución de los problemas de uso más común (p.e. los referentes a propiedades del Sol, Tierra o Luna, o factores de conversión) no se proporcionarán de modo general en los enunciados.

Esperamos que los estudiantes encuentren en este libro esa herramienta que a veces han echado de menos y que les ayude a entender y aplicar los conceptos básicos de Astrofísica que les permita adentrarse en su maravilloso mundo de forma accesible y cercana.

Cuando estábamos dando forma a la última versión del documento, falleció prematuramente nuestro querido compañero Jorge Jiménez, al que queremos dedicar especialmente este libro. Sin su carácter, conocimiento, inteligencia, entusiasmo, crítica... las reuniones y el resultado final hubieran sido muy diferentes. Gracias por todo, Jorge. Siempre te recordaremos.

Los autores.

Astronomía de posición | 1

La Astronomía de posición es la abuela de la Astrofísica y, sin duda, una de las ciencias más antiguas. Los hombres han visto, desde la prehistoria, cómo objetos más o menos brillantes, pero sin duda llamativos, se movían sobre sus cabezas, y han tratado de entenderlo. La Astronomía de posición trata de localizar a los astros en el cielo y de entender su movimiento. Teniendo en cuenta que en Astronomía las distancias son muy difíciles de medir, nuestra descripción de dichas posiciones y movimientos se realiza utilizando una inmensa bóveda imaginaria sobre nuestras cabezas llamada **"bóveda celeste" o "esfera celeste"**, concéntrica con la Tierra (figura 1.1). Aunque los astros se encuentran a distintas distancias de nosotros, los consideramos a todos ellos contenidos en dicha esfera y, sobre ella, se medirán posiciones y distancias angulares entre astros.

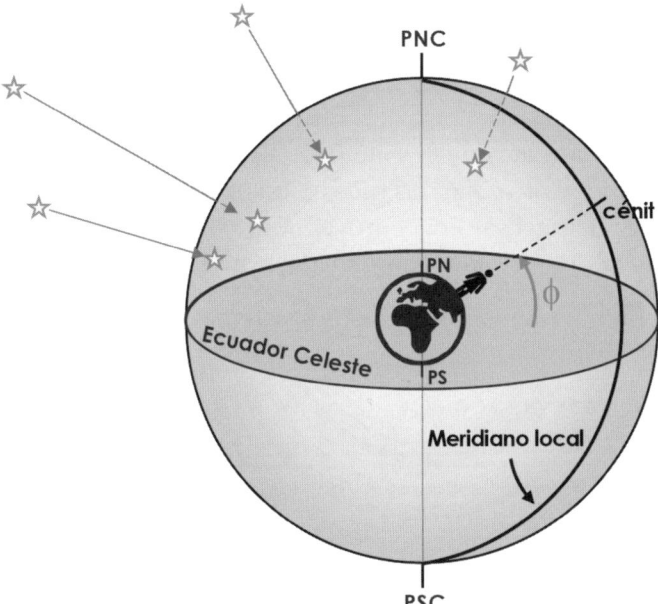

Figura 1.1: Esfera celeste. La intersección del plano ecuatorial y del eje de rotación terrestres con dicha esfera, definen sobre la misma, respectivamente, el ecuador y los polos norte (PNC) y sur (PSC) celestes. Para un observador en la Tierra en una latitud ϕ, se muestran su cénit sobre la esfera y el Meridiano local. Los astros alcanzan su mayor altura sobre el horizonte cuando cruzan el Meridiano local del observador.

Conviene hacer una aclaración, pues genera confusión en ocasiones a la hora de resolver algunos problemas. Se trata de confundir la esfera celeste sobre la que se mueven los astros y la esfera terrestre en la que se encuentra el observador. Ello es fundamentalmente debido a que en ambas existen elementos (círculos o puntos) con igual nombre: ecuador, polos, meridianos..., pues los referidos a la esfera celeste se definen a partir de la intersección de elementos terrestres (p.e. plano ecuatorial o eje terrestre) con la esfera celeste, como se ilustra en la figura 1.1. Es muy importante tener siempre claro de qué esfera estamos hablando.

Aunque suelen usarse frecuentemente los grados y sus fracciones sexagesimales hasta la segunda división (minutos y segundos), es importante recordar que la unidad natural angular es el radián, definido como la longitud de arco de circunferencia entre dos posiciones en unidades del radio de dicha circunferencia[1].

1: Trabajar en radianes ahorrará muchos quebraderos de cabeza, especialmente cuando esos ángulos no están dentro de ninguna función trigonométrica.

En este capítulo aprenderemos, entre otras cosas, a **orientarnos en el cielo**, a transformar posiciones entre **sistemas de coordenadas**, y a calcular el **tiempo entre el orto y el ocaso** de cualquier objeto celeste.

Para describir la posición de un astro sobre la superficie de la esfera celeste lo habitual es usar dos ángulos. Se escoge un plano de referencia que contenga el centro de la esfera y, respecto de él se miden un ángulo que nos indica lo alejado que el punto está de dicho plano, y otro que nos dice en qué dirección a lo largo del plano de referencia se encuentra el punto. El plano de referencia usado dará nombre a las coordenadas correspondientes.

2: Hacemos a continuación un breve resumen de los planos de referencia, coordenadas y elementos relevantes de los sistemas que usaremos en este libro, pero referimos al lector a cualquier texto de fundamentos de Astrofísica, en los que podrá encontrar gráficos y explicaciones más detalladas.

En este libro usaremos los siguientes **sistemas de coordenadas**[2]:

Coordenadas horizontales   Altura o elevación: a (o h)

                                                                Acimut: A

Plano de referencia: Horizonte del observador

- a o h: Altura de un astro sobre el horizonte. Positiva si está sobre el horizonte y negativa si está bajo él. Varía entre $-90°$ y $+90°$.
- A: Acimut de un astro. Se mide sobre el horizonte, e indica en qué dirección (con respecto al punto cardinal sur) se encuentra la vertical que contiene al astro. Se mide en sentido horario (hacia el oeste). Varía entre 0 y $360°$. El acimut de los puntos cardinales es S: $0°$, O: $90°$, N: $180°$, E: $270°$.
- Otras definiciones importantes:

- El eje perpendicular al plano de referencia (horizonte) que pasa por el observador, une el punto sobre su cabeza (**cénit**, $a = 90°$) y el que está bajo sus pies (**nadir**, $a = -90°$). Los círculos máximos que unen nadir y cénit y tienen un acimut fijo, intersectan con el horizonte de forma vertical y reciben por ello el nombre de **verticales**.
- Los círculos (no máximos) de altura fija sobre el horizonte tienen el bonito nombre de **almicantarats**.

Las coordenadas horizontales adolecen de dos problemas que las hacen inconvenientes: las coordenadas de un astro dependen de la localización geográfica del observador y, además, van cambiando con el tiempo a medida que la Tierra rota alrededor de su eje.

Coordenadas ecuatoriales (u horarias)	Ascensión recta: α (o $R.A.$ o $A.R.$) Declinación: δ o *Dec*

Plano de referencia: Plano ecuatorial celeste

- α (o $R.A.$ o $A.R.$): Es el ángulo medido sobre el ecuador entre la proyección del astro sobre el ecuador celeste y el punto vernal[3], en sentido antihorario. Medido en horas, varía entre 0 y 24h.
- δ (o *Dec*): Representa el ángulo entre un astro y el ecuador celeste. Es positiva si se encuentra en el hemisferio norte celeste y negativa si se encuentra en el hemisferio sur celeste. Varía entre $-90°$ y $+90°$.
- Otras definiciones importantes:
  - H: **Ángulo horario.** Es el ángulo, medido sobre el ecuador, entre el Meridiano del observador (figura 1.2) y el astro (o su proyección sobre el ecuador)[4]. Se mide en sentido horario para un observador en el hemisferio norte (antihorario en el sur). Varía entre -12^h y $+12^h$, con $H = 0^h$ en el momento de la culminación superior (paso por el Meridiano) y $H < 0^h$ ($H > 0^h$) antes (después) de la misma.
  - TSL (o ST o LST): **Tiempo sidéreo (local).** Es el ángulo horario del punto vernal.
  - Los círculos (no máximos) paralelos al ecuador que tienen la misma declinación se llaman **círculos horarios o círculos de declinación**.

Para un observador determinado, uno de los polos celestes está sobre su horizonte y el otro bajo él. Es importante recordar aquí el concepto de círculo máximo sobre una esfera, como aquel arco de un círculo que contiene al centro de la misma (p.e. un paralelo en la Tierra no es un círculo máximo porque no contiene al centro de la Tierra). Los círculos máximos que unen ambos polos y que

3: El punto vernal (o primer punto de Aries) es el nodo ascendente de la intersección de la eclíptica (la trayectoria aparente del Sol a lo largo de un año en la esfera celeste) y el ecuador celeste. Suele representarse con el símbolo ♈.

4: Para visualizarlo puede ayudar pensar en la hora que marcaría la aguja de un reloj cuya punta está en el astro. Es un reloj un poco particular: su esfera tiene 24h (sidéreas) en lugar de 12h, y apunta a las 0h cuando el astro cruza el Meridiano y a las 12h cuando el astro está en el punto opuesto, justo bajo el polo. Además, la aguja (curva sobre la bóveda celeste) se mueve en sentido antihorario, a izquierdas (mirando hacia el polo norte). Nos dice, por tanto, cuántas horas sidéreas hace que el astro pasó por el Meridiano (o, si restamos 24h, cuántas faltan para que vuelva a pasar por él).

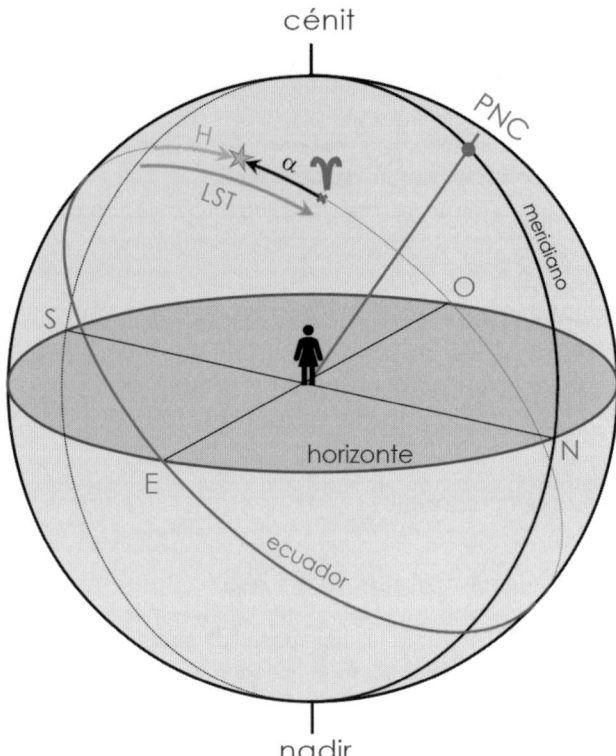

Figura 1.2: Esquema para ilustrar la definición de ángulo horario *H* (y tiempo sidéreo local *LST*) para un astro de ascensión recta α. Por simplicidad se ha pintado el astro sobre el ecuador celeste. Para cualquier otra declinación, *H* se mide usando la proyección del astro sobre el ecuador. Tanto *H* como el *LST* van cambiando con la rotación terrestre.

tienen un valor fijo de ascensión recta son los meridianos (serían las extensiones a la bóveda celeste de los meridianos terrestres) y entre ellos, hay uno muy importante que es fijo y pasa por polo y cénit (ambos puntos fijos en el cielo para un observador) y recibe el nombre de 'el Meridiano del observador' o 'Meridiano local' o simplemente 'el Meridiano'. Los astros alcanzan su máxima elevación (culminan) cuando cruzan ese Meridiano (se muestra en figura 1.2).

Además de las coordenadas horizontales y ecuatoriales, en las que estarán centrados la mayoría de los problemas de este capítulo, existen otros sistemas de coordenadas celestes que son especialmente útiles para astros de nuestro Sistema Solar (coordenadas eclípticas) o de nuestra Galaxia (coordenadas galácticas). Mencionamos brevemente a continuación sus elementos principales.

Coordenadas eclípticas

Longitud eclíptica: λ

Latitud eclíptica: β

Plano de referencia: Plano de la eclíptica

- λ: La longitud eclíptica se mide sobre el plano de la eclíptica en sentido antihorario. Es el ángulo entre el punto vernal y la proyección del astro sobre el plano de la eclíptica. Varía entre $0°$ y $360°$.
- β: La latitud eclíptica es la distancia angular del astro desde el plano de la eclíptica. Varía entre $-90°$ y $+90°$.

Coordenadas galácticas

Longitud galáctica: l

Latitud galáctica: b

Plano de referencia: Plano medio de la Vía Láctea

- l: La longitud galáctica se mide sobre el plano galáctico en sentido antihorario desde la dirección del centro galáctico. Representa el ángulo entre la dirección en la que se encuentra el centro galáctico y la proyección del astro sobre el plano galáctico. Varía entre $0°$ y $360°$.
- b: La latitud galáctica es la distancia angular del astro desde el plano de la Vía Láctea. Varía entre $-90°$ y $+90°$.

Ecuaciones de transformación de coordenadas

Los catálogos de astros y mapas celestes suelen incluir las posiciones de los astros en coordenadas ecuatoriales, pues la ascensión recta (α) y la declinación (δ) no dependen de la posición del observador ni de los movimientos de la Tierra[5]. Un observador determinado, para poder localizar a un astro en el cielo necesitará transformar las coordenadas (α, δ) del mismo, en coordenadas referidas a su horizonte (a, A) en un momento de tiempo determinado. Por tanto, es necesario poder realizar transformaciones entre los dos sistemas de coordenadas.

Las ecuaciones de cambio de unas coordenadas en otras pueden obtenerse fácilmente resolviendo problemas sencillos de trigonometría esférica o usando matrices de rotación (ver problema 1.4). Las leyes de la trigonometría esférica usadas son solamente válidas para triángulos construidos con arcos de círculos máximos. Las ecuaciones correspondientes a las transformaciones entre coordenadas horizontales y ecuatoriales (y viceversa) se encuentran a continuación:

5: No dependen en escalas de tiempo pequeñas (días o incluso meses), pero sí en escalas de tiempo mayores por la precesión, nutación y aberración estelar.

De horizontales a ecuatoriales

$$\cos \delta \operatorname{sen} H = \operatorname{sen} A \cos a \tag{1.1}$$
$$\cos \delta \cos H = \cos \phi \operatorname{sen} a + \operatorname{sen} \phi \cos a \cos A \tag{1.2}$$
$$\operatorname{sen} \delta = \operatorname{sen} a \operatorname{sen} \phi - \cos \phi \cos a \cos A \tag{1.3}$$
$$\alpha = TSL - H \tag{1.4}$$

De ecuatoriales a horizontales

$$\operatorname{sen} A \cos a = \operatorname{sen} H \cos \delta \tag{1.5}$$
$$\cos A \cos a = \cos H \cos \delta \operatorname{sen} \phi - \operatorname{sen} \delta \cos \phi \tag{1.6}$$
$$\operatorname{sen} a = \cos H \cos \delta \cos \phi + \operatorname{sen} \delta \operatorname{sen} \phi \tag{1.7}$$
$$H = TSL - \alpha \tag{1.8}$$

Igualmente, se muestran a continuación las ecuaciones de cambio entre coordenadas eclípticas y ecuatoriales, donde el ángulo ϵ es la oblicuidad de la eclíptica (ángulo entre el plano ecuatorial y el de la eclíptica, que vale aproximadamente $23°27'$):

De eclípticas a ecuatoriales

$$\operatorname{sen} \alpha \cos \delta = \cos \beta \cos \epsilon \operatorname{sen} \lambda - \operatorname{sen} \beta \operatorname{sen} \epsilon \tag{1.9}$$
$$\cos \alpha \cos \delta = \cos \lambda \cos \beta \tag{1.10}$$
$$\operatorname{sen} \delta = \operatorname{sen} \beta \cos \epsilon + \cos \beta \operatorname{sen} \epsilon \operatorname{sen} \lambda \tag{1.11}$$

De ecuatoriales a eclípticas

$$\operatorname{sen} \lambda \cos \beta = \operatorname{sen} \delta \operatorname{sen} \epsilon + \cos \delta \cos \epsilon \operatorname{sen} \alpha \tag{1.12}$$
$$\cos \lambda \cos \beta = \cos \delta \cos \alpha \tag{1.13}$$
$$\operatorname{sen} \beta = \operatorname{sen} \delta \cos \epsilon - \cos \delta \operatorname{sen} \epsilon \operatorname{sen} \alpha \tag{1.14}$$

Problema 1.1   *El disco de Andrómeda*

La galaxia de Andrómeda (M31) es de tipo espiral (figura 1.3). Por la inclinación de su disco con respecto al plano del cielo, éste presenta una apariencia elíptica con un eje mayor de aproximadamente 190′. Sabiendo que Andrómeda se encuentra a 2.53 millones de años luz de nosotros, hacer una estimación del diámetro del disco de Andrómeda y expresar el resultado en años luz, kilómetros y pársecs.

Figura 1.3: Galaxia de Andrómeda observada en el rango ultravioleta por el telescopio espacial GALEX de la NASA. Créditos: NASA/JPL-Caltech.

Solución

Sabemos que el ángulo (en radianes) que subtiende el eje mayor de la galaxia (θ) es aproximadamente[6] igual a la razón entre la longitud del eje mayor o diámetro del disco (D_{M31}) y la distancia de la galaxia (d_{M31}):

$$\theta(\text{rad}) \approx \frac{D_{M31}}{d_{M31}}$$

Por tanto, basta multiplicar la distancia de la galaxia por el eje mayor (dato del problema) convertido a radianes:

$$D_{M31} = d_{M31}\,\theta(\text{rad}) = 2.53 \cdot 10^6 \text{ a.l.} \frac{190'}{60'/1°} \frac{2\pi}{360°} = 139830 \text{ a.l.}$$

Usando que un año luz (a.l.) son $9.46 \cdot 10^{12}$ km, y un pársec (pc) 3.26 a.l., tenemos que el diámetro aproximado de la galaxia espiral Andrómeda es:

$$D_{M31} = 1.32 \cdot 10^{18} \text{ km} = 42.9 \text{ kpc}$$

6: Estamos aproximando la longitud del arco que abarca la galaxia en la esfera celeste, con el diámetro del disco de M31.

Problema 1.2 *Paralaje*

Calcular la paralaje anual de la estrella Próxima Centauri. La estrella está a una distancia de nosotros de 4.246 a.l.

Solución

La paralaje anual Π de una estrella (en segundos de arco), viene dada por la inversa de la distancia a la que se encuentra la estrella (en parsecs), por tanto:

$$\Pi\left('' \right) = \frac{1}{d\,(\text{pc})} \tag{1.15}$$

Cuanto más distante es una estrella, tanto menor es su paralaje. Teniendo en cuenta que 1 pc son 3.26 a.l.:

$$\Pi('') = \frac{1}{\frac{4.246\,\text{a.l.}}{3.26\,\text{a.l.}/\text{pc}}} = \frac{1}{1.302\,\text{pc}} = 0.77''$$

Por tanto, a lo largo de un año, Próxima Centauri sufre un desplazamiento aparente en el cielo con respecto a la posición de estrellas más lejanas igual a 1.54″(= 2 × 0.77″). Este desplazamiento aparente es debido al movimiento de la Tierra alrededor del Sol[7]. Esta paralaje de 0.77″es también el ángulo que subtiende el radio del movimiento orbital de la Tierra alrededor del Sol, visto desde la estrella.

7: Habrá un desplazamiento adicional debido al movimiento propio de la estrella.

Problema 1.3 *Paralaje en radianes*

Demostrar que si la paralaje viene especificada en radianes (en lugar de segundos de arco), entonces el inverso de su valor nos da la distancia en UA (en lugar de pc).

Solución

El ejercicio nos pide que hagamos un sencillo cambio de unidades. Multiplicando a ambos lados de la ecuación 1.15 por el factor de conversión de segundos de arco a radianes:

$$\Pi\,(\text{rad}) = \Pi\,('')\frac{2\pi\,\text{rad}}{360° \cdot 3600''/1°} = \frac{1}{d\,(\text{pc})}\frac{2\pi\,\text{rad}}{360° \cdot 3600''/1°}$$

se obtiene la siguiente expresión:

$$\Pi\,(\text{rad}) = \frac{1}{d\,(\text{pc})}\frac{1}{206265}$$

donde 206265 es el número de segundos de arco que hay en un radián, y ése es precisamente el factor de conversión por el que hay que multiplicar para pasar de parsecs a unidades astronómicas (1 pc = 206265 UA), con lo que concluimos que:

$$\Pi\,(\text{rad}) = \frac{1}{d\,(\text{UA})}$$

Problema 1.4 *Ecuaciones de transformación*

Obtener las ecuaciones de transformación de coordenadas horizontales a ecuatoriales (u horarias) de dos formas alternativas mostrando que producen resultados equivalentes:

a) Usando matrices de rotación para realizar el giro del plano horizontal al ecuatorial.
b) Mediante las leyes del seno y coseno de la trigonometría esférica.

Solución

a) Para contestar al primer apartado, nos damos cuenta de que los planos de referencia de ambos sistemas de coordenadas, horizonte y ecuador, se cortan en un eje común que pertenece a ambos planos, que es la línea este-oeste (ver figura 1.2).

La figura 1.4 muestra dos sistemas de coordenadas cartesianas, uno rotado con respecto al otro. Consideraremos que el plano $x - y$ se corresponde con el plano horizontal, y el $x' - y'$ con el plano ecuatorial. La línea este-oeste se corresponde con nuestro eje $x = x'$. El eje y está contenido en el horizonte y apunta en la dirección sur. Análogamente, el eje y', está contenido en el plano ecuatorial y apunta a la intersección del Meridiano local con el plano ecuatorial. z' apunta a la dirección del PNC y z al cénit del observador. Para pasar de un sistema de referencia a otro, bastará con rotar en torno al eje x para hacer coincidir ambos planos (figura 1.4). Además, si tenemos en cuenta que la elevación del polo norte celeste sobre el horizonte es la latitud del observador ϕ, entonces el ángulo entre ambos planos de referencia es $90 - \phi$, que es el ángulo que queremos rotar.

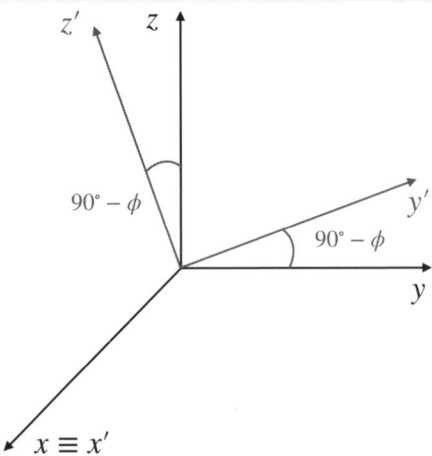

Figura 1.4: Sistemas de ejes de coordenadas sin rotar (coordenadas sin prima) y rotados (coordenadas con prima). El plano $x - y$ es el plano horizontal, y el $x' - y'$ el ecuatorial, planos de referencia de los sistemas de coordenadas que nos ocupan. El sistema con los ejes rotados se puede obtener a partir del original realizando una rotación de un ángulo $90° - \phi$ alrededor del eje x.

La matriz de rotación que transforma un sistema de coordenadas en el otro es:

$$\begin{pmatrix} x' \\ y' \\ z' \end{pmatrix} = \begin{pmatrix} 1 & 0 & 0 \\ 0 & \cos(90 - \phi) & \text{sen}(90 - \phi) \\ 0 & -\text{sen}(90 - \phi) & \cos(90 - \phi) \end{pmatrix} \begin{pmatrix} x \\ y \\ z \end{pmatrix}$$

Esta ecuación matricial se puede expresar como un sistema de tres ecuaciones:

$$x' = x \tag{1.16}$$
$$y' = y \cos(90 - \phi) + z \, \text{sen}(90 - \phi) \tag{1.17}$$
$$z' = z \cos(90 - \phi) - y \, \text{sen}(90 - \phi) \tag{1.18}$$

Por otro lado, la relación entre coordenadas cartesianas y coordenadas esféricas es la siguiente:

$$x = \operatorname{sen}\theta\cos\varphi \quad x' = \operatorname{sen}\theta'\cos\varphi'$$
$$y = \operatorname{sen}\theta\operatorname{sen}\varphi \quad y' = \operatorname{sen}\theta'\operatorname{sen}\varphi'$$
$$z = \cos\theta \quad\quad z' = \cos\theta'$$

donde las coordenadas esféricas con prima representan las coordenadas ecuatoriales, y las coordenadas sin prima representan las coordenadas horizontales, ya que queremos obtener la transformación de horizontales a ecuatoriales.

Si expresamos las ecuaciones 1.16 a 1.18 en función de los ángulos en coordenadas esféricas resulta:

$$\operatorname{sen}\theta'\cos\varphi' = \operatorname{sen}\theta\cos\varphi$$
$$\operatorname{sen}\theta'\operatorname{sen}\varphi' = \operatorname{sen}\theta\operatorname{sen}\varphi\cos(90-\phi) + \cos\theta\operatorname{sen}(90-\phi)$$
$$\cos\theta' = \cos\theta\cos(90-\phi) - \operatorname{sen}\theta\operatorname{sen}\varphi\operatorname{sen}(90-\phi)$$

Para finalizar, escribiremos las coordenadas esféricas θ, θ', φ y φ' en función de las correspondientes coordenadas celestes en los sistemas horizontal y ecuatorial:

- Las *alturas* sobre los planos de referencia en ambos sistemas, a y δ, son, respectivamente, los complementarios de los ángulos polares θ y θ', con lo que $a = 90° - \theta$ y $\delta = 90° - \theta'$.
- Los ángulos A y H, acimut y ángulo horario, se miden sobre los planos de referencia de los dos sistemas, en sentido horario y respectivamente desde los ejes y (que indica la dirección sur) e y' (que indica la intersección del Meridiano local con el ecuador en la dirección sur). Sin embargo, los ángulos acimutales φ y φ' se miden con respecto al eje $x = x'$ en sentido antihorario. De este modo tenemos que $A = 90° - \varphi$ y que $H = 90° - \varphi'$.

Haciendo estos cambios, considerando la relación entre las funciones trigonométricas de los ángulos complementarios, y teniendo cuidado con los signos, obtenemos que:

$$\cos\delta\operatorname{sen}H = \operatorname{sen}A\cos a$$
$$\cos\delta\cos H = \cos\phi\operatorname{sen}a + \operatorname{sen}\phi\cos a\cos A$$
$$\operatorname{sen}\delta = \operatorname{sen}a\operatorname{sen}\phi - \cos\phi\cos a\cos A$$

que es el sistema de ecuaciones que queríamos obtener (ver ecuaciones 1.1 a 1.3).

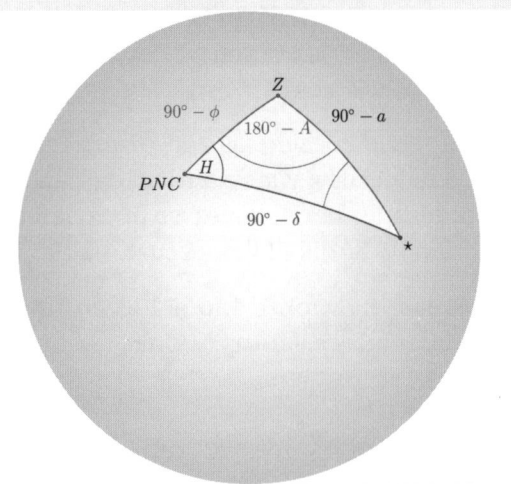

Figura 1.5: Triángulo esférico que nos permitirá obtener las ecuaciones de cambio de coordenadas. Se indican los ángulos correspondientes al ángulo horario (H), acimut (A), declinación (δ), altura (a), y latitud (ϕ).

b) Ahora se va a deducir este mismo sistema de ecuaciones usando trigonometría esférica. Para ello recordemos las fórmulas del seno y del coseno de la trigonometría esférica:

$$\frac{\operatorname{sen} a}{\operatorname{sen} A} = \frac{\operatorname{sen} b}{\operatorname{sen} B} = \frac{\operatorname{sen} c}{\operatorname{sen} C}$$

$$\cos a = \cos b \cos c + \operatorname{sen} b \operatorname{sen} c \cos A$$

donde, en ambas ecuaciones, las variables a, b, c representan los lados de un mismo triángulo esférico, mientras que A, B, C representan sus ángulos correspondientes.

Aplicamos ahora estas ecuaciones al triángulo esférico mostrado en la figura 1.5. La fórmula del seno nos da la siguiente ecuación:

$$\frac{\operatorname{sen}(90° - \delta)}{\operatorname{sen}(180° - A)} = \frac{\operatorname{sen}(90° - a)}{\operatorname{sen} H}$$

o equivalentemente,

$$\cos \delta \operatorname{sen} H = \operatorname{sen} A \cos a$$

con lo que ya hemos obtenido la primera de las ecuaciones que queríamos (ecuación 1.1). Las otras dos las obtendremos de la fórmula del coseno:

$$\cos(90° - \delta) = \cos(90° - a)\cos(90° - \phi)$$
$$+ \sen(90° - a)\sen(90° - \phi)\cos(180° - A)$$

$$\cos(90° - a) = \cos(90° - \delta)\cos(90° - \phi)$$
$$+ \sen(90° - \delta)\sen(90° - \phi)\cos H$$

Que podemos expresar como:

$$\sen \delta = \sen a \sen \phi - \cos \phi \cos a \cos A \qquad (1.19)$$
$$\sen a = \sen \delta \sen \phi + \cos \delta \cos H \cos \phi \qquad (1.20)$$

Vemos que la primera de ambas se corresponde con la ecuación 1.3, pero la segunda no se parece todavía a la que deberíamos obtener. Para ello, primero despejamos en ésta el último término, y luego sustituimos en la expresión resultante $\sen \delta$ usando la ecuación 1.19, de donde obtenemos:

$$\cos \delta \cos H \cos \phi = \sen a - \sen a \sen^2 \phi + \cos \phi \cos a \cos A \sen \phi$$

Y dado que $1 - \sen^2 \phi = \cos^2 \phi$ y simplificando los factores $\cos \phi$ en todos los términos, obtenemos:

$$\cos \delta \cos H = \cos \phi \sen a + \sen \phi \cos a \cos A$$

que es la ecuación que nos faltaba, la 1.2. Con esto se demuestra la equivalencia de ambos métodos para obtener las ecuaciones de cambio de coordenadas. Para obtener el cambio contrario (de ecuatoriales (u horarias) a horizontales), se puede repetir este procedimiento intercambiando el papel de las coordenadas con prima y sin prima, y haciendo una rotación de ángulo opuesto. O alternativamente, despejando las coordenadas horizontales como función de las ecuatoriales, a partir de las ecuaciones que acabamos de obtener.

Problema 1.5   *Elevación máxima*

Deducir las expresiones que permiten calcular la elevación máxima que alcanza un astro de coordenadas ecuatoriales α y δ en un determinado lugar de latitud ϕ.

Solución

La elevación a de un astro es máxima cuando el astro cruza el Meridiano del observador, o equivalentemente cuando tiene una culminación superior. En este momento el ángulo horario del astro es $H = 0^h$.

Las ecuaciones de transformación de coordenadas, disponibles en la introducción de este capítulo, nos permiten calcular las coordenadas horizontales a y A de un astro de coordenadas ecuatoriales α y δ, para un observador situado en una latitud ϕ en un momento determinado. En particular, la ecuación 1.7 permite calcular la elevación a para un ángulo horario dado. En el momento del tránsito $H = 0^h$ (y por tanto $\cos H = 1$), y la elevación será la máxima posible, a_{max}:

$$\operatorname{sen} a_{max} = \cos \delta \cos \phi + \operatorname{sen} \delta \operatorname{sen} \phi$$
$$= \cos(\delta - \phi) = \operatorname{sen}(90° - \delta + \phi)$$

Al cumplirse que el seno de un cierto ángulo β es igual al seno del ángulo suplementario, $\sin \beta = \sin(180° - \beta)$, tenemos dos soluciones para a_{max}. Estas se corresponden con la posible culminación hacia el norte del cénit del observador o hacia el sur. Por tanto:

$$a_{max} = \begin{cases} 90° - \delta + \phi & \text{(culminación al N del cénit)} \\ 90° + \delta - \phi & \text{(culminación al S del cénit)} \end{cases} \quad (1.21)$$

La elevación máxima que alcanza un astro en un lugar de latitud ϕ sólo depende de la declinación δ que tenga el astro.

Problema 1.6   *Culminación en el cénit*

¿Qué astros culminan en el cénit de un observador que se encuentra en una latitud $\phi = -30°$?

Solución

La expresión obtenida en el problema 1.5 nos permite calcular la declinación (δ) de un astro que alcanza una elevación máxima a_{max} en una determinada localización ϕ. Si la culminación ocurre en el cénit, la elevación máxima será de 90°, $a_{max} = 90°$.

En este caso, usando la ecuación 1.21 encontramos que la declinación del astro debe ser igual a la latitud:

$$a_{max} = 90° \Rightarrow \delta = \phi$$

Por tanto, sólo podrán culminar en el cénit de un observador los astros cuya declinación sea igual a la latitud del lugar. En el caso particular del ejercicio, en que $\phi = -30°$, culminarán en el cénit astros del hemisferio sur celeste con $\delta = -30°$.

Problema 1.7 *Ángulo horario*

Las horas del día más peligrosas para la exposición de nuestra piel al Sol son aquellas en las que la altura del Sol es mayor que 60 grados[8]. En los siguientes apartados se supondrá que la persona expuesta al Sol está en Córdoba, cuya latitud es $\phi = 37°53'$ N.

a) Deducir la altura máxima del Sol en el día del solsticio de verano $\delta_\odot = +23.5°$.

b) Calcular en dicho día los ángulos horarios del Sol para los cuales empieza y termina el intervalo más peligroso.

c) Suponiendo que el Sol pasa por el Meridiano del lugar a las 14:20h, advertir cuáles son las horas en las cuales se debería evitar la exposición al Sol.

8: No obstante, fuera de estas horas se debe usar protección solar al menos hasta que la altura del Sol sea de 30°, lo que en astronomía se conoce como *2 masas de aire*, en cuyo caso el índice UV cae por debajo de 3.

Solución

a) Hemos deducido en el ejercicio 1.5 las expresiones que nos permiten calcular la altura máxima de un astro de cierta declinación para un observador en una latitud ϕ. En el solsticio de verano la declinación del Sol es $\delta_\odot = 23.5°$. La culminación ocurre al sur de cénit, y por tanto usamos la ecuación[9]:

$$a_{max} = 90° + \delta_\odot - \phi = 75°37'$$

así que el Sol alcanza ese día una altura mayor de 60°.

Podríamos también haber deducido la elevación máxima de modo gráfico. Supongamos un plano que seccionase la esfera celeste (figura 1.2) conteniendo el Meridiano local del observador. Dicho plano contendría también el cénit del observador y los polos celestes. La figura 1.6 es un esquema de dicha sección, donde, por cómo la hemos creado, el Meridiano local del observador estaría contenido en el plano del papel.

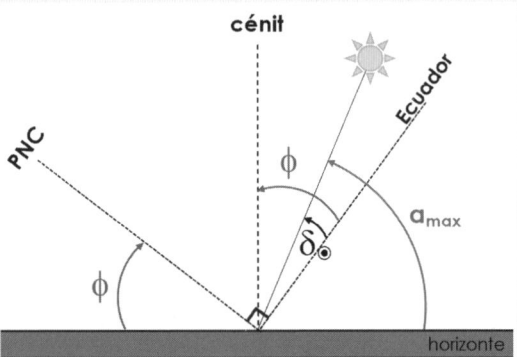

Figura 1.6: Esquema que permite calcular la elevación máxima a_{max} que alcanza el Sol para un observador de latitud ϕ, dada su declinación $\delta_\odot$. PNC indica el polo norte celeste. El Meridiano local del observador está contenido en el plano del papel.

Podemos observar en dicho gráfico que:

$$90° = a_{max} + (\phi - \delta_\odot) \implies a_{max} = 90° + \delta_\odot - \phi$$

obteniendo la ecuación 1.21 para culminación al S del cénit.

b) Los ángulos horarios para los cuales la altura es $a = 60°$ son las soluciones de la ecuación de transformación de coordenadas (ecuación 1.7):

$$\text{sen } a = \cos H \cos \delta \cos \phi + \text{sen } \delta \text{ sen } \phi$$

donde despejando y sustituyendo los valores correspondientes a ϕ y $\delta_\odot$ en el solsticio de verano:

$$\cos H = \frac{\text{sen}\, 60° - \text{sen}\, 23.5°\, \text{sen}\, 37.883°}{\cos 23.5°\, \cos 37.883°} = 0.8582$$

Por tanto,

$$H = \pm 30.884° = \pm 2^h 3^m 32^s$$

Es decir, el día del solsticio de verano, el Sol tiene más de 60° de elevación desde unas dos horas antes de la culminación hasta dos horas después de haber culminado.

c) Como el paso por el Meridiano ($H = 0$) el día del solsticio en Córdoba se produce aproximadamente a las 14:20h, se debería evitar totalmente la exposición directa del Sol en ese intervalo de $2^h 3^m$ antes y después del paso por el Meridiano, es decir entre las 12:17h y las 16:23h.

Problema 1.8   NGC 628

¿En qué lugares de la Tierra no es visible la galaxia NGC 628? NGC 628 tiene coordenadas ecuatoriales:
α(J2000) = $01^h 36^m 41.7470^s$
δ(J2000) = $+15°47'01.183''$

Solución

La galaxia no será visible en aquellos lugares de la Tierra en los que nunca esté sobre el horizonte. En estos lugares su elevación a será siempre negativa (incluso cuando cruce el Meridiano del observador). Podemos usar la ecuación 1.21 para calcular en qué latitudes la elevación máxima de la galaxia será negativa y, por tanto, no visible:

$$a_{max} = \begin{cases} 90° - \delta + \phi \leq 0 & \text{(al N del cénit)} \\ 90° + \delta - \phi \leq 0 & \text{(al S del cénit)} \end{cases}$$

$$\Rightarrow \begin{cases} \phi \leq \delta - 90° = -74.22° \\ \phi \geq \delta + 90° = 105.78° \end{cases}$$

La segunda solución no tiene sentido, pues la latitud sólo puede tomar valores entre $-90°$ y $+90°$. Esto nos indica que la galaxia no será visible en lugares de la Tierra donde culmina al norte del cénit, cuando la latitud es menor de $-74.22°$ (o, dicho de otro modo, mayor de $74.22°$ sur).

Podríamos haber razonado y resuelto este ejercicio también de forma gráfica, como se ilustra en la figura 1.7. Teniendo en cuenta la declinación δ de NGC 628, podemos representar su posición aproximada en la esfera celeste:

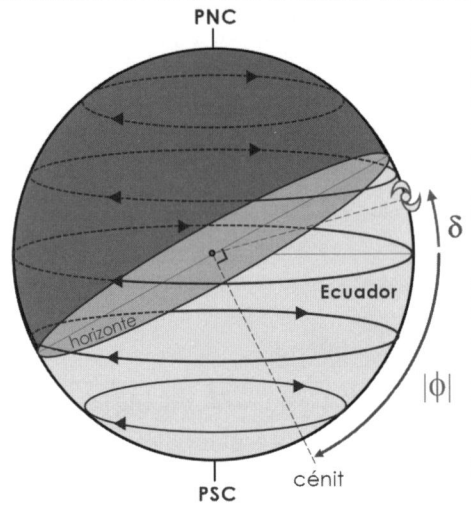

Figura 1.7: Esfera celeste sobre la que se ha indicado la posición aproximada de NGC 628 ($\delta = 15.78°$), y el horizonte y cénit de un observador de latitud ϕ en el hemisferio sur terrestre. Para dicho observador serán visibles todos los astros del hemisferio sur celeste, y los del norte que cumplan $\delta + |\phi| < 90°$.

NGC 628 es un astro del hemisferio norte celeste, y será por tanto visible desde cualquier lugar del hemisferio norte terrestre. La figura muestra también el horizonte (y correspondiente cénit) de un observador situado en el hemisferio sur, con latitud ϕ. La galaxia estará siempre bajo el horizonte de este observador cuando se cumpla que:

$$\delta + |\phi| \geq 90° \Rightarrow |\phi| \geq 90° - \delta = 74.22°$$

Al ser un observador del hemisferio sur, dicha condición en el módulo de ϕ, corresponde a $\phi \leq -74.22°$, latitudes en las que no será visible NGC 628, como habíamos obtenido también con la resolución inicial, usando la ecuación 1.21.

Problema 1.9 *Observaciones desde París*

En París ($\phi = 48°51'24''$), en el solsticio de verano:

a) ¿Cuál es la máxima elevación que alcanza el Sol?
b) ¿Cuál es el tiempo sidéreo local cuando sale el Sol? ¿Y cuándo culmina?
c) ¿Qué astros son circumpolares en París?

Solución

a) En el solsticio de verano la declinación del Sol es $\delta_\odot = 23.5°$. La latitud de París en grados es $\phi = 48.9°$.

En París el Sol culmina al sur del cénit, por lo que usando la expresión obtenida en el ejercicio 1.5, tenemos que:

$$a_{max} = 90° + \delta_\odot - \phi$$
$$= 90° + 23.5° - 48.9° = 64.6°$$

b) El tiempo sidéreo (TSL) relaciona la ascensión recta de un astro (α) con su ángulo horario (H) en dicho tiempo sidéreo, mediante $TSL = H + \alpha$ (ecuaciones 1.4 y 1.8). El problema se reduce a calcular H en el momento de la salida del Sol, pues la ascensión recta del Sol en el solsticio de verano sabemos que vale $\alpha_\odot = 6^h$.

Así, como en el momento de la salida $a = 0°$, usando la ecuación 1.7, tenemos:

$$\text{sen}\, a = 0 = \cos H \cos \delta_\odot \cos \phi + \text{sen}\, \delta_\odot \, \text{sen}\, \phi$$

$$\implies \cos H = -\tan \delta_\odot \tan \phi$$
$$= -\tan 23.5° \tan 48.9° = -0.4984$$

de donde obtenemos:

$$H = \pm 119.89° = \pm 7.99^h$$

La solución negativa sabemos que es la correspondiente a la salida del Sol (la positiva a la puesta), por lo que podemos calcular el tiempo sidéreo en el momento de la salida:

$$TSL_{\text{salida}} = H + \alpha_\odot = -7.99^h + 6^h$$
$$TSL_{\text{salida}} = -1.99^h = 22.01^h$$

En la culminación, al ser $H = 0^h$, el tiempo sidéreo será igual a la ascensión recta del Sol:

$$TSL_{\text{culminación}} = H + \alpha_\odot = 0^h + 6^h = 6^h$$

c) Los astros circumpolares son aquellos que están siempre sobre el horizonte del observador, o equivalentemente, aquellos que tienen siempre una elevación $a > 0°$. La figura 1.8 muestra la esfera celeste y el horizonte de un observador en el hemisferio norte celeste, en una latitud ϕ.

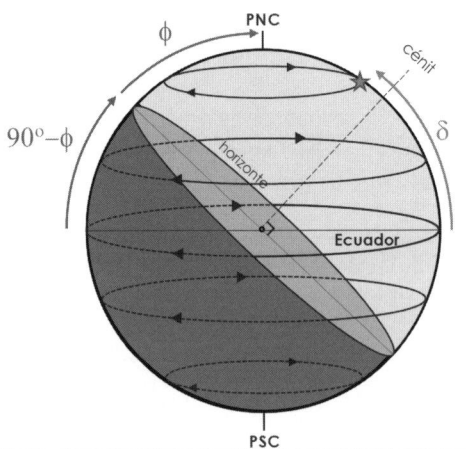

Figura 1.8: Esfera celeste donde se ha representado el horizonte de un observador localizado en el hemisferio norte a una latitud ϕ. Se deduce de la figura que para que un astro sea circumpolar, esto es, que esté siempre sobre el horizonte del observador, es necesario que se cumpla que $\delta > 90° - \phi$.

Podemos deducir que la condición que debe cumplir la declinación de un astro para que esté siempre sobre el horizonte del observador, es decir, la condición de circumpolaridad implica:

$$\delta > 90° - \phi = 90° - 48.9° = 41.1°$$

Para el caso particular de París encontramos que todos los

astros con declinación mayor de 41.1° son circumpolares en dicha ciudad.

Problema 1.10 *La nebulosa de Orión*

La nebulosa de Orión, M42, tiene una ascensión recta de $\alpha = 5^h 35^m$ ¿Cual es la mejor época para observarla?

Solución

El mejor momento para observar un astro será cuando más alto se encuentre sobre el horizonte durante el mayor tiempo de oscuridad posible. Ello sucederá cuando el objeto tenga su culminación superior en mitad de la noche. Para que eso sea así, basta con que el Sol tenga una ascensión recta con una diferencia de 12 horas respecto a la del astro que se desea observar (ver figura 1.9). De ese modo, mientras el astro tiene su culminación superior, el Sol estará justamente en su culminación inferior, es decir, que estaremos justamente en mitad del periodo nocturno.

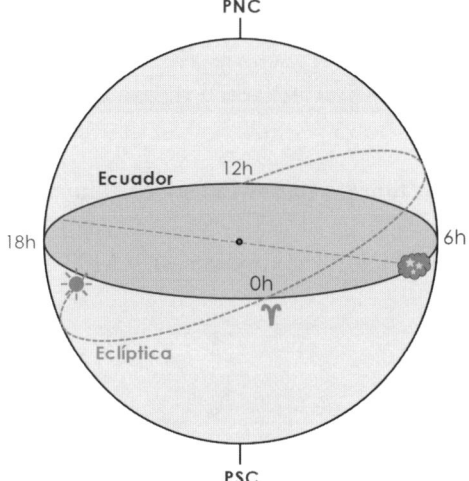

Figura 1.9: Esfera celeste con la posición aproximada de la nebulosa de Orión, con $\alpha_{M42} \sim 5.58^h$ (por simplicidad se ha supuesto $\delta_{M42} = 0°$). La nebulosa será visible por más horas cuando el Sol esté lo más distante posible en la esfera celeste, o equivalentemente cuando $\alpha_\odot \sim 5.58^h + 12^h = 17.58^h$.

Así, para el caso que nos ocupa de M42, necesitaremos que:

$$\alpha_\odot = \alpha_{M42} + 12^h = 17^h 35^m$$

10: Esto no es estrictamente correcto porque el movimiento aparente del Sol no es uniforme debido a la excentricidad de la órbita terrestre, y a que el Sol se mueve sobre la eclíptica y no sobre el ecuador (ver problema 1.23, y los problemas 1.21 o 1.22 para un cálculo un poco más preciso que el realizado aquí).

¿Y cuándo tiene el Sol esa ascensión recta? Podemos tener una idea aproximada suponiendo que el Sol aumenta su ascensión recta de forma lineal con el tiempo[10]. Por otro lado, sabemos que en el solsticio de invierno (SI) el Sol tiene una ascensión recta de $\alpha_\odot^{SI} = 18^h$ y que la ascensión recta del Sol cambia 24^h ($= 1440^m$) en 365.25 días.

Por tanto, podemos estimar fácilmente los días que faltan hasta esa fecha (n_d) sabiendo que el Sol debe aumentar aún 25^m más de ascensión recta, lo que hará en:

$$n_d = \frac{25^m}{1440^m/365.25\,\text{d}} = 6.3\,\text{d}$$

Por tanto, la mejor época será unos 6 días antes del solsticio de invierno, es decir, hacia el 15 de diciembre.

Problema 1.11   *Galaxia del triángulo, M33*

Se van a realizar observaciones de la galaxia del triángulo (M33; $\alpha = 1.57^h$, $\delta = +30.66°$) desde el Observatorio de Calar Alto (latitud $\phi = 37.22°$). Calcular:

a) ¿Cuánto tiempo pasa M33 sobre el horizonte en Calar Alto?

b) ¿Qué elevación máxima alcanza M33 en dicho observatorio?

Solución

a) El tiempo que pasa un astro sobre el horizonte de un lugar determinado es el doble del tiempo que transcurre desde su salida hasta su culminación en dicho lugar (o equivalentemente, desde la culminación del astro hasta la puesta), por la constancia de la velocidad de rotación de la Tierra durante un día. Nuestro problema se reduce entonces a calcular el ángulo horario H de M33 en el momento de su salida (o puesta) para un observador en Calar Alto. En el momento de la salida la elevación es cero

$(a = 0°)$, así, usando la ecuación 1.7:

$$0 = \cos H \cos \delta \cos \phi + \sin \delta \sin \phi$$

de donde obtenemos

$$\cos H = -\tan \delta \tan \phi$$
$$H = \pm \arccos(-\tan \delta \tan \phi)$$
$$= \pm \arccos(-\tan 30.66° \tan 37.22°)$$
$$= \pm 116.763° = \pm 7.784^h$$

La solución positiva corresponde al valor de H en la puesta (la negativa a la salida). El tiempo que pasa sobre el horizonte será de $2 \cdot 7.784^h = 15.568^h$ horas de tiempo sidéreo, que se corresponden con 15.525 horas solares[11].

b) M33 culmina al sur del cénit en Calar Alto (pues su declinación δ es menor que la latitud del observatorio ϕ). Así, usando las expresiones 1.21 deducidas en el problema 1.5, tenemos:

$$a_{max} = 90° + \delta - \phi$$
$$= 90° + 30.66° - 37.22° = 83.44°$$

M33 culmina a 83.44° de elevación, a sólo 6.56° del cénit.

11: El día sidéreo tiene una duración de 23h 56m 4s de tiempo solar. La razón entre la duración de un día sidéreo expresada en tiempo solar y en tiempo sidéreo es $23\text{h} 56\text{m} 4\text{s}/24^h = 0.997269$.

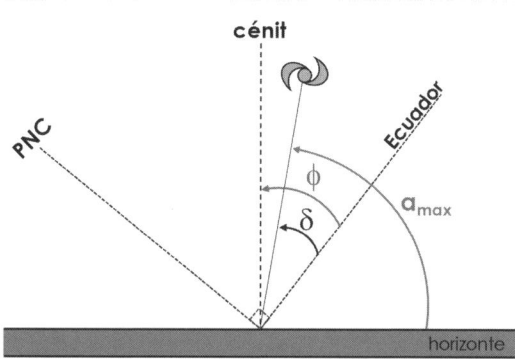

Figura 1.10: Resolución gráfica del ejercicio 1.11, para calcular la elevación máxima a_{max} de M33 en el Observatorio de Calar Alto, dada la latitud del lugar ϕ y la declinación δ de la galaxia.

Problema 1.12 *Visibilidad con el telescopio SALT*

El Gran Telescopio Sudafricano (SALT) tiene un diámetro efectivo de 11 m, está construido en el Gran Karoo ($\phi = -32°22'34''$) y sólo puede observar objetos que se encuentren a una distancia cenital inferior a 37°.

a) ¿Durante cuánto tiempo podrá observarse con SALT, en un mismo día, la nebulosa de Orión ($\alpha = 5^h 35^m 17.3^s$, $\delta = -05°23'28''$)?

b) Si se instalase un telescopio idéntico en Granada ($\phi = 37.188°$), ¿qué declinación deberían tener los objetos para que pudieran observarse? ¿Podría observarse la nebulosa de Orión desde Granada con este telescopio?

Solución

a) La nebulosa podrá observarse con el telescopio SALT todo el tiempo en que tenga distancia cenital menor de 37°, o equivalentemente, una elevación mayor de $90° - 37° = 53°$. La nebulosa alcanza una elevación máxima a_{max}

$$a_{max} = 90° - \delta + \phi = 90°$$
$$= 90° - (-5.391°) + (-32.376°) = 63.015°$$

Será por tanto visible desde que su elevación alcance el valor de 53° tras su salida, hasta que vuelva a alcanzar una elevación de 53° tras haber culminado a unos 63° de elevación.

La ecuación 1.7 nos permite calcular el ángulo horario H cuando la elevación sea de 53°:

$$\cos H = \frac{\operatorname{sen} a - \operatorname{sen} \delta \operatorname{sen} \phi}{\cos \delta \cos \phi}$$
$$= \frac{\operatorname{sen} 53° - \operatorname{sen}(-5.391°) \operatorname{sen}(-32.376°)}{\cos(-5.391°) \cos(-32.376°)} = 0.890$$

Por tanto,

$$H = \pm 27.127° = \pm 1.808^h$$

donde la solución negativa se corresponde con el momento

en que Orión tiene elevación de 53° antes de culminar, y la positiva con el momento en que tiene elevación $a = 53°$ tras la culminación, en su movimiento hacia la puesta. Se podrá por tanto observar durante un tiempo máximo

$$t = 2 \cdot 1.808^h = 3.617^h \quad \text{(horas de tiempo sidéreo)}$$
$$= 3.617^h \cdot \frac{23^h 56^m}{24^h}$$
$$= 3.607\,\text{h} \quad \text{(horas de tiempo solar)}$$

b) Si se instalase un telescopio idéntico a SALT en Granada, al igual que en el Gran Karoo, dicho telescopio sólo podría observar astros que alcanzasen una elevación máxima mayor de 53° en Granada (o equivalentemente una distancia cenital menor de 37°, por su diseño). Podemos usar la ecuación 1.7, o equivalentemente el resultado del problema 1.5, para ver qué condición debe cumplir la declinación de un astro para que alcance una elevación máxima $a_{max} > 53°$ en Granada, donde $\phi_{Gr} = 37.188°$. Consideramos posibles culminaciones al norte y al sur del cénit:

○ Al S del cénit: $a_{max} = 90° - \phi_{Gr} + \delta > 53°$

$$\Rightarrow \delta > 53° - 90° + 37.188° = 0.188°$$

○ Al N del cénit: $a_{max} = 90° + \phi_{Gr} - \delta > 53°$

$$\Rightarrow \delta < -53° + 90° + 37.188° = 74.188°$$

De donde concluimos que podrían observarse astros con declinación en el intervalo [0.188°, 74.188°].

Aunque la nebulosa de Orión puede observarse desde Granada, no podría observarse con este telescopio, pues su declinación $\delta = -5.391°$ está fuera de este intervalo y no alcanza la elevación mínima necesaria que impone su diseño.

Problema 1.13 *El cometa C/2022 E3 (ZTF)*

El pasado día 30 de enero de 2023, el cometa C/2022 E3 (ZTF) fue visible con ayuda de prismáticos. Usando la aplicación *Stellarium*, una observadora encuentra las coordenadas ecuatoriales del cometa, que son $\alpha = 11^h00^m$ y $\delta = 80°12'$. Ella se encuentra en Córdoba, cuya latitud es $37°53'$ N, y la hora sidérea de Córdoba en el momento de la observación era 9^h20^m (la hora que marca el reloj es irrelevante). Calcular la altura del cometa a la hora de la observación.

Solución

Se trata de hacer el cambio de coordenadas ecuatoriales (u horarias) a coordenadas horizontales (ya que nos piden calcular la elevación del cometa). Para ello necesitamos conocer el ángulo horario. Éste se puede despejar de la relación $TSL = \alpha + H$, siendo TSL el tiempo sidéreo local (que se indica en el enunciado):

$$H = TSL - \alpha = 09^h20^m - 11^h00^m = -1^h40^m$$

Expresando el resultado en grados, tenemos $H = -25°0'$. Con este dato ya podemos calcular la altura haciendo uso de la ecuación 1.7, donde sustituiremos la latitud del lugar $\phi = 37.883°$ y la declinación del astro $\delta = 80.200°$:

$$\operatorname{sen} a = \cos H \cos \delta \cos \phi + \operatorname{sen} \delta \operatorname{sen} \phi$$
$$= \cos(-25°) \cos 80.2° \cos 37.883° + \operatorname{sen} 80.2° \operatorname{sen} 37.883°$$
$$= 0.726845$$

De donde obtenemos que, a la hora de observación, el cometa tiene una elevación o altura $a = 46°37.4'$.

Problema 1.14   *Acimuts del Sol a su salida y puesta*

Se dice comúnmente que el Sol sale por el este y se pone por el oeste. Para comprobar la veracidad de esa afirmación, calcular el ángulo entre las posiciones extremas del Sol a su salida (*amplitud ortiva*) o puesta (*amplitud occidua*) a lo largo del año en Madrid ($\phi = 40°25'1''$ N). ¿A qué latitud en el hemisferio norte debe encontrarse un observador para que esas posiciones extremas formen un ángulo de $150°$? ¿Y $20°$?

Solución

En el momento de la salida/puesta del Sol, éste tiene altura $a = 0°$, para la que es sencillo deducir a partir de la ecuación 1.3, que su acimut viene dado por la ecuación:

$$\cos A = -\frac{\operatorname{sen} \delta_\odot}{\cos \phi} \tag{1.22}$$

Las posiciones más extremas de ese acimut tendrán lugar cuando la declinación tenga los valores extremos, lo cual sucederá en ambos solsticios, en el de verano (SV) y en el de invierno (SI): $\delta_\odot^{SV} = 23.5°$ y $\delta_\odot^{SI} = -23.5°$. Sustituyendo estos valores y el valor de la latitud de Madrid en la ecuación 1.22 y tomando la solución positiva (correspondiente al ocaso) tenemos que:

$$A^{SV} = 121.58°$$
$$A^{SI} = 58.42°$$

Si la puesta tuviese lugar justo por el oeste, el acimut sería $A = 90°$. Encontramos sin embargo que en el SV el Sol se pone a unos $31.6°$ del O (hacia el N), mientras que en el de invierno, la puesta está desplazada por esa misma cantidad hacia el sur.

El ángulo formado por esas posiciones extremas en la puesta de Sol es:

$$\Delta A = |A^{SV} - A^{SI}| = 63.16°$$

que es un ángulo significativamente grande que muestra que la afirmación inicial de que el Sol se pone por el oeste, era demasiado grosera.

Para encontrar un ángulo cualquiera ΔA entre esas dos posiciones extremas para un observador a una cierta latitud ϕ, es necesario, como hemos visto, que el acimut del ocaso en los solsticios sea: $A^{SV} = 90° + \Delta A/2$ y $A^{SI} = 90° - \Delta A/2$. Utilizando la primera de estas ecuaciones en 1.22, y teniendo en cuenta de nuevo que $\delta_\odot^{SV} = 23.5°$, tenemos:

$$\cos \phi = -\frac{\operatorname{sen} \delta_\odot^{SV}}{\cos(90° + \Delta A/2)} \tag{1.23}$$

Para un ángulo de 150° (tomando la solución positiva, que está en el hemisferio norte) tenemos:

$$\phi_{\Delta A = 150°} = 65.62°$$

Es decir, que para un observador a latitud 65.62° N, el acimut de la puesta de Sol (o de la salida) cambia en 150° a lo largo del año.

Pero al intentar realizar el cálculo para $\Delta A = 20°$, encontramos que el segundo término de la ecuación 1.23 es mayor que 1, de modo que no existe ninguna latitud ϕ que verifique esa ecuación. En realidad, esto era previsible, ya que la mínima *amplitud occidua* (ídem para la *ortiva*) tiene lugar en el ecuador ($\phi = 0°$), donde el Sol se pone perpendicular al horizonte, y es el doble de la oblicuidad de la eclíptica $2\epsilon = 47°$. Es decir, no puede haber una *amplitud occidua/ortiva* menor que 47° en ningún lugar de la Tierra.

Problema 1.15 *Salida del Sol en distintos lugares*

Calcular la diferencia entre la hora de la salida del Sol en La Coruña (43.365° N, 8.410° W) y Santa Cruz de Tenerife (28.467° N, 16.250° W) en los solsticios. Ignorar en este cálculo la diferencia de huso horario entre ambas localidades.

Solución

La hora de salida en La Coruña (LC) y Santa Cruz de Tenerife (TF) será diferente por dos motivos:

1. La **distinta latitud** hace que el ángulo horario del Sol a su salida sea diferente en ambas ciudades. Este efecto hace que, para localidades con igual longitud, el Sol salga antes en aquellas situadas más al norte en primavera/verano (declinación del Sol positiva), mientras que en las situadas más al sur saldrá antes en otoño/invierno (declinación negativa).

2. Independientemente del efecto descrito más arriba, al tener **distinta longitud**, los eventos astronómicos tienen lugar algo antes en La Coruña por estar más al este.

Vamos a calcular el ángulo horario del Sol a la salida/puesta en ambas ciudades. Teniendo en cuenta que en la puesta y la salida $a = 0°$, usando la ecuación 1.7, tenemos:

$$\cos H_{LC} = -\tan \delta_\odot \tan \phi_{LC}$$
$$\cos H_{TF} = -\tan \delta_\odot \tan \phi_{TF}$$

Comenzaremos por los cálculos en el solsticio de verano (SV) en que la declinación del Sol es $\delta_\odot^{SV} = 23.5°$. Sustituyendo los valores de la declinación solar y las correspondientes latitudes, tenemos:

$$H_{LC}^{SV} = \pm 114.2475° = \pm 7^h 36^m 59^s$$
$$H_{TF}^{SV} = \pm 103.6364° = \pm 6^h 21^m 49^s$$

donde la solución negativa corresponde al orto (salida) y la positiva al ocaso (puesta). El valor absoluto nos indica el tiempo que transcurre entre la salida del Sol y la culminación (o equivalentemente entre la culminación y la puesta). Es decir, si estuvieran las dos ciudades a la misma longitud, el Sol saldría antes en La Coruña un tiempo de:

$$\Delta T_1^{SV} = |H_{LC}^{SV}| - |H_{TF}^{SV}| = 42^m 27^s$$

El efecto de la longitud hace que las cosas sucedan en La Coruña antes por estar más al este en un tiempo correspondiente a 4 minutos por cada grado de diferencia en longitud (o 1 hora por cada huso horario de 15°). Este efecto es independiente de la declinación del Sol, por lo que es válido durante todo el año. Es decir:

$$\Delta T_2 = \frac{\Delta l}{15°/1\,h} = \frac{7.84°}{15°/1\,h} = 0.5227^h = 31^m 22^s$$

Sumando ambas contribuciones tenemos que $\Delta T^{SV} = \Delta T_1^{SV} + \Delta T_2 = 73^m 49^s$. Éste es el tiempo que el Sol saldría antes en La Coruña que en Tenerife.

Haciendo el cálculo análogo para el solsticio de invierno (SI) en el que la declinación del Sol es $\delta_\odot^{SI} = -23.5°$ tenemos que:

$$H_{LC}^{SI} = \pm 65.7525° = \pm 4^h 23^m 1^s$$
$$H_{TF}^{SI} = \pm 76.3636° = \pm 5^h 5^m 27^s$$

Es decir, en este caso, si estuvieran a la misma longitud, el Sol saldría antes en Tenerife un tiempo de:

$$\Delta T_1^{SI} = |H_{LC}^{SI}| - |H_{TF}^{SI}| = -42^m 27^s$$

Por lo que, combinando ambos efectos, y teniendo en cuenta que, en este caso son de signo opuesto tenemos que, $\Delta T^{SI} = \Delta T_1^{SI} + \Delta T_2 = -11^m 5^s$. Es decir, que en el solsticio de invierno, el Sol sale $11^m 5^s$ antes en Santa Cruz de Tenerife (a pesar de estar mucho más al oeste).

Problema 1.16   *Observando el centro galáctico*

El centro galáctico tiene las siguientes coordenadas ecuatoriales: $\alpha = 17^h 45^m$ y $\delta = -29°00'$. Una observadora quiere tomar una imagen desde Córdoba (cuya latitud es $37°53'$N) así que usa sus conocimientos de astronomía de posición. Para ello, necesita calcular:

a) La altura máxima que alcanzará el centro galáctico en toda la noche. ¿Cuál será la mejor época para observarlo?

b) El acimut en el momento de la salida (orto).

c) Una aplicación de su teléfono móvil le dice que son las $12^h 00^m$ de tiempo sidéreo local. Obtener la altura del centro galáctico a esa hora.

Solución

a) La altura máxima viene dada por la expresión (ver ecuaciones 1.21):

$$a_{max} = 90° + \delta - \phi \tag{1.24}$$

siendo ϕ la latitud del lugar (expresión que puede deducirse de las ecuaciones de transformación de coordenadas, o bien gráficamente, como en los problemas 1.5 y 1.7, respectivamente).

Sustituyendo los valores en la ecuación 1.24, la altura máxima que alcanzará visto desde Córdoba será:

$$a_{max} = 90° + (-29°) - 37.883° = 23.117° = 23°7'$$

Esta elevación máxima es independiente del día del año. No obstante, las mejores fechas para observarlo serán aquellas en las que el paso por el Meridiano se alcance en torno a la medianoche (para garantizar el mayor tiempo posible de oscuridad cuando el astro está sobre el horizonte).

Como el paso por el Meridiano corresponde a un tiempo sidéreo local igual a la ascensión recta (en virtud de la relación $TSL = \alpha + H$), entonces hay que mirar en qué fechas la medianoche corresponde a un tiempo sidéreo local de $TSL = 17^h 45^m$, o equivalentemente, en qué fechas el Sol tiene una ascensión recta que difiere en 12^h de la del centro galáctico:

$$\alpha_\odot = \alpha - 12^h = 17^h 45^m - 12^h = 5^h 45^m$$

Con un razonamiento similar al del problema 1.10 (nebulosa de Orión), podemos ver que esto ocurre unos 4 días[12] antes del solsticio de verano, hacia el 17 de junio.

b) Si imponemos la condición de orto y ocaso (altura $a = 0°$, para que se encuentre en el plano del horizonte) en la ecuación 1.3, y despejamos, se obtiene la siguiente relación que nos permite calcular el acimut del orto y del ocaso (una será la opuesta de la otra, antes de llevarlas al intervalo $[0°, 360°]$):

$$\cos A = -\frac{\operatorname{sen} \delta}{\cos \phi} = -\frac{\operatorname{sen}(-29°)}{\cos 37.883°}$$

Se obtienen las soluciones:

$$A = \pm 52°6' = \begin{cases} 52°6' & \text{(para el ocaso o puesta)} \\ 307°54' & \text{(para el orto o salida)} \end{cases}$$

donde hemos tenido en cuenta que el acimut se mide desde el sur en sentido horario hacia el oeste, y que toma valores entre $0°$ y $360°$, correspondiendo la solución negativa[13] a un acimut $A = 360° - 52°6' = 307°54'$.

c) Usando la relación $TSL = \alpha + H$, obtenemos que el ángulo horario a la hora de la observación es:

$$H = TSL - \alpha = 12^h - 17^h 45^m = -5.75^h$$

Donde el signo negativo indica que el centro galáctico aún no

12: Cuando $\alpha_\odot$ sea igual a 6^h estaremos en el solsticio de verano. $\alpha_\odot$ tiene aún que aumentar en 15^m para que esto ocurra. Teniendo en cuenta el ritmo al que cambia $\alpha_\odot$, faltan $n_d = \frac{15^m}{1440^m / 365.25 \, d} = 3.8$ días para que $\alpha_\odot = 6^h$.

13: Recordar que el signo menos delante de un ángulo afecta tanto a los grados como a los minutos.

ha culminado. Faltan 5.75^h para que lo haga. A continuación, podemos usar la ecuación 1.7, en la que sustituyendo ϕ, δ y H en grados ($H = -5.75^h = -86.25°$) calculamos la elevación o altura sobre el horizonte:

$$\text{sen } a = \cos H \cos \delta \cos \phi + \text{sen } \delta \text{ sen } \phi$$
$$= \cos(-86.25°) \cos(-29°) \cos 37.883°$$
$$+ \text{sen}(-29°) \text{sen } 37.883° = -0.25255 \implies a = -14.6°$$

La observadora tendrá entonces que esperar un rato, pues el centro galáctico se encuentra aún bajo el horizonte.

Problema 1.17   *Observando el centro galáctico 2*

El centro de nuestra Galaxia (Sgr A*) tiene las siguientes coordenadas: $\alpha = 17^h45^m$ y $\delta = -29°00'$. La hora sidérea local es de 19^h30^m. La latitud de Córdoba es 37°53' N.

 a) Deducir si ya ha pasado por el Meridiano del lugar.
 b) Calcular su altura sobre el horizonte en ese momento.
 c) Calcular su altura máxima el día 31 de diciembre.

Solución

a) Lo que nos dice si ha pasado por el Meridiano del lugar es el signo del ángulo horario, que está relacionado con la hora sidérea del lugar y con la ascensión recta del objeto mediante la relación $TSL = \alpha + H$. Despejando, vemos que

$$H = TSL - \alpha = 19^h30^m - 17^h45^m = 1^h45^m$$

Al tener H signo positivo, el centro galáctico ya ha culminado, es decir, ha pasado por el Meridiano del lugar, momento en que alcanzó la máxima altura sobre el horizonte de Córdoba.

b) La altura se calcula con la ecuación 1.7, en la que sustituimos el valor de H calculado en el apartado anterior convertido a grados ($H = 1^h45^m = 26.25°$):

$$\text{sen } a = \cos 26.25° \cos(-29°) \cos 37.883° + \text{sen}(-29°) \text{sen } 37.883°$$
$$= 0.3214 \implies a = 18.7°$$

Por tanto, a las 19^h30^m de tiempo sidéreo local, el centro galáctico está a una elevación de 18.7°en Córdoba, después de haber culminado, en su camino hacia la puesta.

c) La pregunta tiene algo de trampa, ya que un astro alcanza siempre, todos los días del año[14], la misma altura máxima sobre el horizonte, siempre que no cambiemos la latitud de observación. La altura máxima será (ecuación 1.21):

$$a_{max} = 90° - \phi + \delta = 90° - 37.88° - 29° = 23.12°$$

El 31 de diciembre, y cualquier otro día del año, alcanzará una altura máxima de 23.12°en Córdoba. La visibilidad para observaciones nocturnas sí que dependerá de la época del año, pues necesitamos que sea de noche cuando Sgr A* esté sobre el horizonte, y esto depende de la ascensión recta del Sol, que sabemos que cambia a lo largo del año, como hemos visto en el problema anterior o en el problema 1.10.

14: A menos que sea un objeto del Sistema Solar, en el que cambian las coordenadas ecuatoriales en escalas de tiempo cortas, como es el caso del Sol o la Luna.

Problema 1.18 *Primavera: estación de galaxias*

Los astrónomos aficionados suelen decir que la primavera es la estación más propicia para la observación de galaxias. Sabemos que el plano de la Vía Láctea supone un obstáculo para la observación de objetos extragalácticos por su *contaminación* luminosa y por la extinción que produce. Teniendo en cuenta que las coordenadas del polo norte galáctico son $\alpha = 12^h\,51^m$ y $\delta = 27°08'$, razonar si la creencia de los astrónomos aficionados está justificada. Usar como referencia un observador en Valladolid, cuya latitud es de aproximadamente $\phi = 41°$.

Figura 1.11: Vía Láctea desde Cerro Paranal (Chile), donde se encuentra el VLT (*Very Large Telescope*) de la ESO (*European Southern Observatory*). Créditos: A. Ghizzi Panizza/ESO.

Solución

Teniendo en cuenta el mencionado inconveniente para la observación de otras galaxias que supone el plano de nuestra propia Galaxia, la Vía Láctea (figura 1.11), lo más conveniente sería que el plano de ésta se hallase lo más cerca posible del horizonte durante la observación, de forma que tengamos un cielo lo más libre posible de esta molestia.

La figura 1.12 nos muestra un esquema con la esfera celeste y el horizonte de un observador del hemisferio norte terrestre (latitud ϕ), como en el problema que nos ocupa. Se representa también el plano galáctico y el polo norte galáctico (PNG).

Podemos observar que, para que el plano de nuestra Galaxia quede lo más cerca posible del horizonte, necesitamos que el polo norte galáctico esté lo más cerca posible del cénit del observador, pues dicho polo está en la dirección perpendicular al plano galáctico. El polo norte galáctico, como cualquier astro, se desplazará en la esfera celeste con el movimiento diurno, y tendrá la mínima distancia cenital (máxima elevación) en el momento de su culminación, cuando cruce el Meridiano del observador.

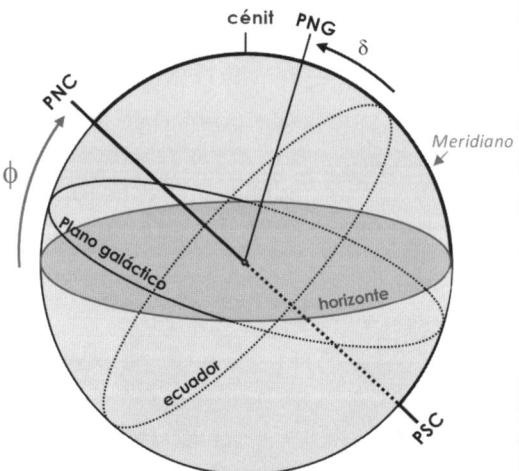

Figura 1.12: Esfera celeste mostrando el horizonte de un observador de latitud ϕ en el hemisferio norte, y el plano galáctico y su correspondiente polo norte (PNG, con declinación δ) en el momento de la culminación del mismo, a su paso por el Meridiano del observador. En ese momento de máxima elevación del PNG, a_{max}, el plano de la Galaxia presenta la mínima elevación posible $(90° - a_{max})$ para este observador.

Por sus coordenadas ecuatoriales, el polo norte galáctico alcanza una elevación máxima en Valladolid ($\phi = 41°$) de:

$$a_{max} = 90° - \phi + \delta = 76°08',$$

y en ese momento, el plano de la Vía Láctea presentará una elevación pequeña (inferior a $90° - a_{max} = 13°52'$) respecto al horizonte.

Las noches en las que el cielo estará 'más libre' de la presencia de la Vía Láctea, serán aquellas en las que el PNG culmine a mitad de la noche. Calcular en qué época del año ocurre esto es sencillo. Basta con exigir que el Sol esté en su culminación inferior en ese instante, con lo que será la mitad de la noche. Como la ascensión recta del PNG son 12^h51^m, la del Sol deberá tener una diferencia de 12^h con respecto a él, es decir:

$$\alpha_\odot = \alpha - 12^h = 12^h51^m - 12^h = 0^h51^m$$

Como se trata de un cálculo cualitativo aproximado, podemos suponer que el Sol se mueve aproximadamente un grado de ascensión recta cada día. Teniendo en cuenta que el Sol tiene una ascensión recta de 0^h el día del equinoccio de primavera (21 de marzo), tardará unos 12 días en recorrer esos 51^m:

$$51^m \cdot \frac{1^h}{60^m} \cdot \frac{15°}{1^h} \cdot \frac{1\,\text{día}}{1°} \approx 12\,\text{días}$$

Es decir, el polo norte galáctico estará a su máxima elevación en mitad de la noche (y por tanto, el plano galáctico cerca del horizonte) unos 12 días después del equinoccio de primavera, es decir, los primeros días del mes de abril. Efectivamente, la primavera es el momento idóneo para la observación nocturna de galaxias sin la molesta presencia del plano de nuestra Galaxia en mitad de la noche.

Problema 1.19 *La estrella misteriosa*

Una estrella tiene declinación $\delta = 90°$. Calcular la altura o elevación a de la estrella y su acimut A para un observador en el hemisferio norte terrestre. Interpretar el resultado.

Solución

La ecuación que relaciona la altura con el ángulo horario (siendo el resto de variables constantes para una estrella y observador dados) es la ecuación 1.7:

$$\text{sen}\, a = \cos H \cos \delta \cos \phi + \text{sen}\, \delta\, \text{sen}\, \phi$$

Si sustituimos $\delta = 90°$:

$$\text{sen}\, a = \cos H \cos 90° \cos \phi + \text{sen}\, 90°\, \text{sen}\, \phi = \text{sen}\, \phi$$

$$\Rightarrow a = \begin{cases} \phi \\ 180° - \phi \end{cases}$$

Vemos que el término que contiene la dependencia con el ángulo horario H se anula, y por tanto la altura toma un valor constante, con $\text{sen}\, a = \text{sen}\, \phi$. Como a debe estar comprendida entre $-90°$ y $+90°$, y el observador está en el hemisferio norte (con ϕ entre $0°$ y $+90°$), la solución correcta es una elevación fija $a = \phi$.

Si calculamos también el acimut, usando las ecuaciones 1.5 y 1.6 y particularizando para $\delta = 90°$ y $a = \phi$ (con $\phi > 0$):

$$\text{sen}\, A \cos a = \sin H \cos \delta = 0$$
$$\Rightarrow \quad \text{sen}\, A = 0$$
$$\cos A \cos a = \cos H \cos \delta \sin \phi - \sin \delta \cos \phi = -\cos \phi$$
$$\Rightarrow \quad \cos A = -1$$

Encontramos $\text{sen}\, A = 0$ y $\cos A = -1$, lo cual implica que $A = 180°$, o equivalentemente, que la estrella tiene un acimut fijo de $180°$, lo cual corresponde al punto cardinal norte.

Entonces, esta supuesta estrella con $\delta = +90°$, de existir, no variará su posición en el cielo con el movimiento diurno, y presentará una elevación fija igual a la latitud del observador, y acimut norte ($a = \phi$, $A = 180°$). El motivo es que el punto con $\delta = +90°$ corresponde a la intersección del eje de rotación terrestre con la esfera celeste y, al pertenecer al eje, no se ve afectado por la rotación, que es lo que produce el movimiento diurno de los astros sobre la esfera celeste[15].

La estrella polar (α Ursae Minoris, también conocida como

15: Idem para el punto con $\delta = -90°$ para un observador en el hemisferio sur celeste, pero en este caso $a = -\phi$ y $A = 0°$.

Polaris) está a menos de 1° de $\delta = +90°$. Aunque a pesar de su desafortunado nombre no se encuentra sobre el polo (de hecho, la Luna llena cabe perfectamente entre la estrella polar y la posición del polo celeste) y, por tanto, también gira alrededor de él. No obstante, su separación del polo es pequeña, y puede usarse groseramente para marcar la dirección norte a cualquier hora de la noche[16]. No obstante, el movimiento de precesión altera la orientación del eje de rotación de la Tierra, y por tanto, las coordenadas ecuatoriales de las estrellas. Hace 2000 años la declinación de la estrella polar era de casi 79°, es decir, estaba a unos 11° del eje de rotación terrestre.

16: Polaris es en realidad un sistema triple, y su estrella más brillante es una estrella tipo Cefeida, la más cercana de este tipo. Su paralaje da una distancia de 433 años luz.

Problema 1.20 *Reloj estelar: tiempo sidéreo y solar*

Se pretende utilizar una estrella de la constelación de la Osa Menor, Kochab (β Ursae Minoris, β UMi), cuyas coordenadas son $\alpha = 14^h 50^m 42.3^s$, $\delta = 74°09'20''$, como si se tratara del extremo de la aguja de un reloj (estelar), y usarla para conocer tanto la hora sidérea como la solar.

Para un observador que mide un ángulo horario de 12^h para dicha estrella:

a) Calcular el tiempo sidéreo local.
b) Si la localización del observador es Granada, a una longitud de 3.6° O, y realizó la observación el 9 de diciembre de 2023, calcular (aproximadamente) la hora civil (CET) de dicha observación.

Solución

a) El cálculo del tiempo sidéreo local en el momento en que el ángulo horario de la estrella es de $H = 12^h$ es trivial, sin más que usar la relación entre el ángulo horario, H, el tiempo sidéreo local, LST, y la ascensión recta, α (conocida como *ecuación fundamental de la astronomía de posición*, ver figura 1.13 y/o ecuación 1.8)[17]:

$$LST = H + \alpha$$
$$= 12^h + 14^h 50^m 42.3^s = 26^h 50^m 42.3^s \ (\text{mod } 24^h)$$
$$= 2^h 50^m 42.3^s$$

17: En los cálculos de horas, emplearemos la notación 'mod 24^h' para indicar que restamos o sumamos 24^h al resultado directo de las operaciones, de modo que quede expresado correctamente en el intervalo $[0^h, 24^h]$.

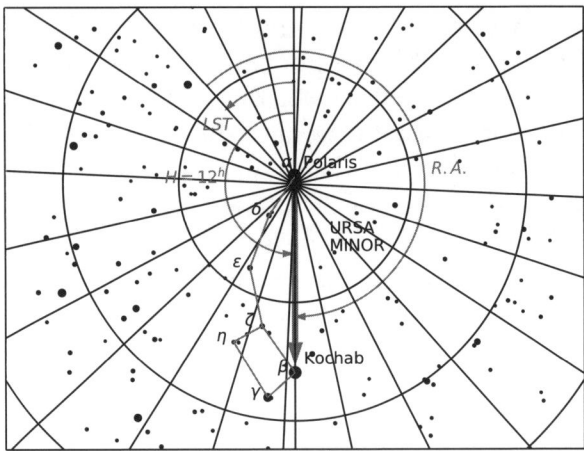

Figura 1.13: Imagen de la región circumpolar en el momento en que la estrella Kochab (β UMi) tiene un ángulo horario $H = 12^h$. El Meridiano del observador se indica con la línea discontinua, y la línea de ascensión recta $R.A. = 0^h$ es el meridiano con línea más gruesa (parte superior izquierda de la imagen). Se indican los ángulos correspondientes al ángulo horario (H) y ascensión recta de la estrella ($R.A.$), así como el tiempo sidéreo local (LST).

b) Una vez tenemos la hora sidérea local, tenemos que convertirla en hora civil. El primer paso será convertir la hora sidérea al meridiano de referencia de Greenwich, ($GMST$), para lo cual realizamos la corrección correspondiente a la longitud de Granada[18]:

18: Hay que tener cuidado con el signo de la longitud que, al estar al oeste del meridiano de referencia, tiene signo negativo: $l = -3.6°$.

$$GMST = LST - \frac{l(°)}{15°/1^h}$$
$$= 2^h 50^m 42.3^s + 0.24^h$$
$$= 2^h 50^m 42.3^s + 0^h 14^m 24^s$$
$$= 3^h 5^m 6.3^s$$

Finalmente, tenemos que convertir este tiempo sidéreo a tiempo solar (GMT). Normalmente, este paso se realiza utilizando el día juliano de la fecha de observación, JD, y un polinomio que lo relaciona con el tiempo sidéreo en el meridiano de Greenwich[a], $GMST$. Este cálculo puede ser algo largo y tedioso, así que usaremos aquí una aproximación que, aunque algo grosera, puede dar un valor aproximado en unos pocos minutos de forma mucho más rápida. Para ello tendremos en cuenta que el día del equinoccio de primavera a mediodía (esto es, a las 12^h de tiempo solar medio), el punto vernal se encuentra sobre el Meridiano, por lo que son las 0^h de tiempo sidéreo local. Por otro lado, el tiempo sidéreo transcurre $3^m 56^s$ más rápido cada día que el tiempo solar. Entonces, para el meridiano de Greenwich, podemos escribir que:

$$GMST \approx GMT + 12^h + d\frac{(3^m + \frac{56^s}{60^s/1^m})}{60^m/1^h}$$

donde d es el número de días transcurridos desde el día del equinoccio de primavera. Despejando la hora solar:

$$GMT \approx GMST - 12^h - d\frac{(3^m + \frac{56^s}{60^s/1^m})}{60^m/1^h}$$

El 9 de diciembre[19] tiene lugar 263 días después del equinoccio, es decir, $d = 263$, de modo que:

$$GMT \approx 3^h 5^m 6.3^s - 12^h - 17.24111^h \pmod{24^h}$$
$$= 3^h 5^m 6.3^s - 5.24111^h = -2.156^h \pmod{24^h}$$
$$= 21.84397^h = 21^h 50^m 38^s$$

Finalmente[20], transformamos la hora del meridiano de Greenwich a la zona horaria correspondiente en Granada, CET, en horario de invierno, como:

$$CET = GMT + 1^h = 22^h 50^m 38^s$$

[a] El día juliano, JD, es el número de días (con su fracción) transcurridos desde el 1 de enero de 4713 a.C. (o, equivalentemente, el año -4712) y se usa con mucha frecuencia en Astronomía. En la actualidad, es bastante común usar el día Juliano referido al mediodía ($12hUT$) del 1 de enero del año 2000 ($JD_{2000} = 2451545.0$) como $JD_0 = JD - JD_{2000}$. El libro de Jaan Meeus *Astronomical Algorithms* proporciona la siguiente ecuación para calcular el tiempo sidéreo en Greenwich (en grados y fracción decimal) a partir del día Juliano: $GMST = 280.46061837 + 360.98564736629 JD_0 + 0.000387933T^2 - T^3/38710000$. Donde $T = JD_0/36525$ es el número de *siglos julianos* transcurridos desde el mediodía del 1 de enero de 2000.

19: Nótese que, en esta aproximación, el año concreto no se usa en el cálculo, lo que constituye una fuente importante de error en el cálculo, ya que la fecha del equinoccio varia ligeramente de año a año. Otra fuente de error es la fracción transcurrida (desconocida) del día de observación, al tomar d como entero.

20: La hora solar correcta (GMT) en el año 2023 correspondiente a esa hora sidérea, calculada usando las ecuaciones más exactas, sería $GMT = 21^h 51^m 35^s$. Como vemos, es buena aproximación.

Problema 1.21   *La mazmorra Grande del Secano*

La mazmorra Grande del Secano en la Alhambra de Granada ($\phi = 37.18°$) era una mazmorra subterránea con una pequeña abertura en la superficie de 2 m de diámetro, una profundidad de 8.5 m, y un diámetro en la base de 12 m, tal como se indica en la figura 1.14. Calcular:

a) En qué periodo del año la luz del Sol consigue llegar en algún momento del día al suelo de la mazmorra.

b) El máximo periodo de tiempo de un mismo día en que hay iluminación directa en algún punto del suelo de la mazmorra.

c) ¿Cuál es la distancia más próxima al centro del suelo que recibirá iluminación directa?

d) ¿En qué latitudes nunca llegaría la luz del Sol al fondo de la mazmorra?

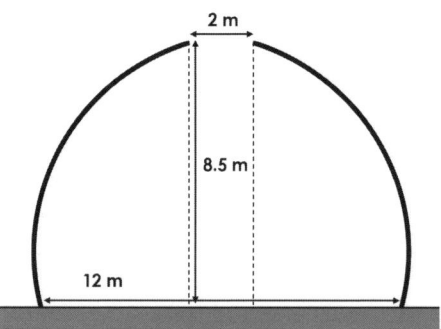

Figura 1.14: Esquema de la mazmorra Grande del Secano.

Solución

a) Se trata de calcular cuál es la mínima elevación que necesitamos que tenga el Sol para que éste ilumine el suelo de la mazmorra. Una vez tengamos dicha elevación mínima, podremos calcular qué condiciones debe cumplir la declinación del Sol para alcanzar esa elevación. Como sabemos que la declinación del Sol cambia a lo largo del año, la condición en declinación nos permitirá calcular en qué época del año el Sol alcanza la elevación mínima necesaria para iluminar el suelo de la mazmorra.

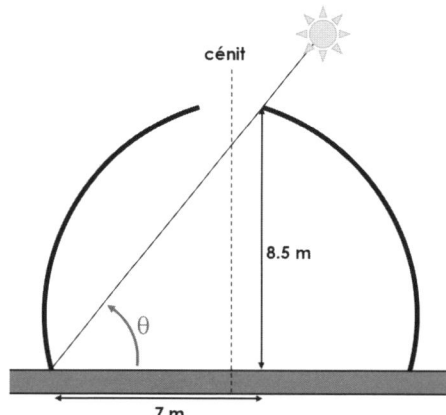

Figura 1.15: Esquema de la mazmorra, de donde puede relacionarse la elevación mínima θ necesaria para que el Sol alcance el suelo de la mazmorra, con las dimensiones y el tamaño de la abertura de la misma.

Como podemos fácilmente ver en la figura 1.15, para que el Sol entre en la mazmorra e incida en el suelo, necesitamos que en algún momento del día su elevación $a_\odot$ sea mayor que el ángulo θ, que viene definido por las dimensiones y tamaño de la abertura de la mazmorra:

$$a_\odot > \theta \quad \text{donde}$$

$$\tan\theta = \frac{8.5\,\text{m}}{7\,\text{m}} \Rightarrow \theta = 50.5° \Rightarrow a_\odot > 50.5°$$

Para calcular qué valor de la declinación del Sol hace que culmine a una elevación $a_{\text{max},\odot} > 50.5°$ en Granada, usaremos la expresión que relaciona la elevación máxima de un astro con su declinación y con la latitud del lugar ϕ para culminaciones al sur del cénit (ecuación 1.21), fórmula que podemos deducir también fácilmente de la figura 1.6.

$$a_{\text{max},\odot} = 90° + \delta_\odot - \phi > 50.5° \Rightarrow \delta_\odot > -2.32°$$

Hemos obtenido entonces que en el periodo de tiempo en que el Sol tenga una declinación $\delta_\odot > -2.32°$, alcanzará en algún momento del día una elevación mayor de 50.5° e iluminará el suelo de la mazmorra. Sabemos que el Sol tendrá esa declinación desde unos días antes del equinoccio de primavera, hasta algunos días después del equinoccio de otoño (ver figura 1.16).

Para hacer un cálculo un poco más preciso, podemos aproximar el ritmo al que cambia la declinación del Sol con una función seno (ecuación 1.27). Despejando d podemos aproximadamente calcular cuántos días antes del equinoccio de primavera el Sol tendrá $\delta_\odot = -2.32°$:

$$d \approx \frac{365 \, \text{días}}{360°} \arcsin\left(\frac{-2.32°}{23.5°}\right) = -5.7 \, \text{días} \qquad (1.25)$$

Por tanto, el Sol tiene una declinación $\delta_\odot > -2.32°$ desde unos 6 días antes del equinoccio de primavera hasta unos 6 días después del de otoño, o equivalentemente desde aproximadamente el 15 de marzo hasta el 27 de septiembre. En ese periodo el Sol alcanza el suelo de la mazmorra en algún momento del día.

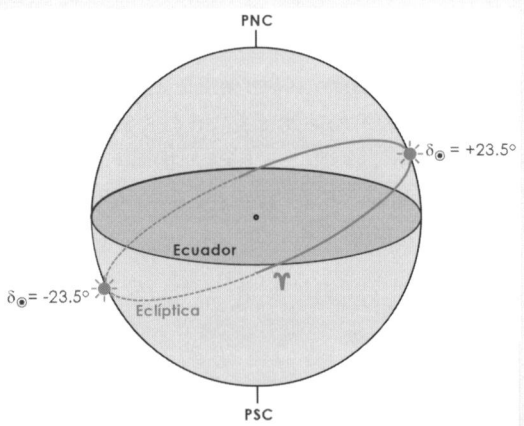

Figura 1.16: Esquema de la esfera celeste en el que se muestra el cambio en la declinación del Sol a lo largo del año, en su movimiento aparente en la Eclíptica.

b) Al tener Granada una latitud norte superior a la del Trópico de Cáncer, el día en que durante más tiempo se iluminará el suelo de la mazmorra será el día del solsticio de verano, en el que $\delta_\odot = +23.5°$, pues es el día en que el Sol alcanza una mayor elevación sobre el horizonte en esta latitud. Se trata entonces de calcular durante cuánto tiempo el Sol tendrá una elevación mayor de $50.5°$ en el solsticio de verano en Granada. Necesitamos para ello calcular el ángulo horario H cuando

$a_\odot = 50.5°$. Usando la ecuación 1.7 y despejando $\cos H$:

$$\cos H = \frac{\text{sen}\, a - \text{sen}\, \delta_\odot \,\text{sen}\, \phi}{\cos \delta_\odot \cos \phi}$$
$$= \frac{\text{sen}\, 50.5° - \text{sen}\, 23.5° \,\text{sen}\, 37.18°}{\cos 23.5° \cos 37.18°} = 0.72626$$

de donde:

$$H = \pm 43.43° = \pm 2.90^h$$

Por lo tanto, el Sol iluminará el suelo de la mazmorra durante 5.79^h ($= 2 \times 2.90^h$) o equivalentemente, $5^h 47^m$.

c) El día del solsticio de verano (SV) es también el día en que más cerca del centro de la mazmorra puede el Sol iluminar el suelo, pues es el día en que alcanza mayor altura sobre el horizonte en Granada. Calculemos la altura máxima $a_{\text{max,SV}}$ que alcanza el Sol en Granada ese día:

$$(a_{\text{max,SV}})_\odot = 90° + \delta_\odot - \phi = 76.32°$$

Por otro lado, sabiendo que la altura de la mazmorra en su abertura es de 8.5 m, podemos calcular hasta qué distancia del centro ilumina el Sol el suelo en el SV, relacionando la tangente de $(a_{\text{max,SV}})_\odot$ con las dimensiones de la mazmorra, como indica la figura 1.17:

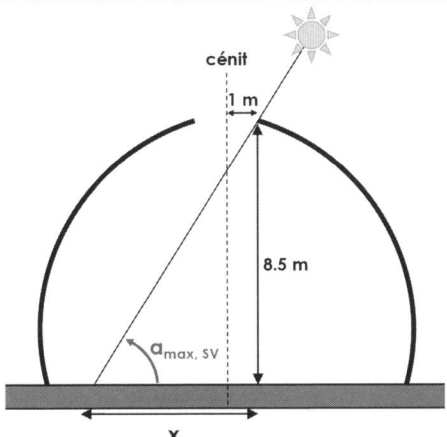

Figura 1.17: Esquema que muestra una sección de la mazmorra y la elevación máxima del Sol en Granada, que permite calcular la zona de la mazmorra que el Sol nunca ilumina directamente.

$$\tan{(a_{\max,\text{SV}})_{\odot}} = \frac{8.5\,\text{m}}{x} \Rightarrow x = \frac{8.5\,\text{m}}{\tan 76.32°} = 2.07\,\text{m}$$

Al tener la abertura un radio de 1 m, el Sol iluminará el suelo de la mazmorra a una distancia mínima del centro de 1.07 m.

d) Para finalizar, debemos calcular en qué lugares de la Tierra el Sol no conseguiría iluminar nunca el suelo de la mazmorra. Por lo calculado en el apartado a), sabemos que eso ocurrirá en los lugares donde el Sol no alcance una elevación de 50.5°. En el hemisferio norte, esta condición implica:

$$a_{\max,\odot} = 90° - \phi + \delta_{\odot} < 50.5° \Rightarrow \phi > 63°$$

Por tanto, si la mazmorra estuviese situada en lugares de la Tierra con latitud mayor de 63° ($\phi > 63°$), la luz del Sol no iluminaría nunca su suelo. Equivalentemente, no lo iluminaría si estuviese situada en lugares del hemisferio sur con latitud $\phi < -63°$.

Problema 1.22 *El limonero de Juan*

Juan vive cerca de Córdoba ($\phi = 37.883°$), y quiere plantar un limonero en un rincón de su jardín. El limonero tiene una copa aproximadamente esférica de $r = 0.5$ m de radio, situada sobre un tronco que coloca su centro a $h_c = 1.5$ m del suelo; y Juan quiere plantarlo en el extremo sur de la parcela, que se encuentra rodeada por un muro semicircular de $d = 2.5$ m de radio y $h_m = 2.5$ m de altura. Juan planea plantar el limonero en el centro de este semicírculo (ver figura 1.18), y tiene dudas acerca de si tendrá suficiente luz solar. Para ayudar a Juan a decidir si ese es un lugar apropiado debemos calcular:

a) Cuál es la elevación mínima del Sol para que al menos un 50 % de la copa del limonero reciba luz solar. Supondremos que la copa no es opaca, de modo que una fracción significativa de luz solar consigue atravesar la copa hasta alcanzar la parte de la misma que se encuentra en el lado opuesto al sol.

b) Cuántas horas al día tiene la copa una iluminación

en más del 50 % de su superficie en los equinoccios y solsticios.

c) En qué periodo del año recibe más de 6 horas de luz en un día el 50 % de la superficie de la copa del limonero.

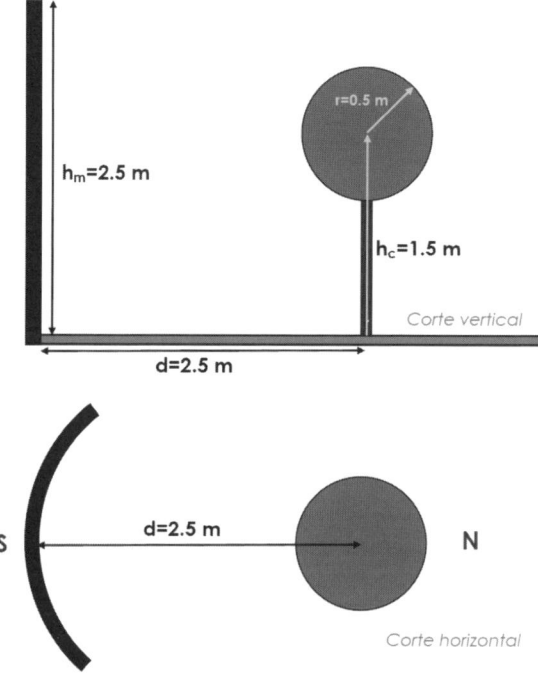

Figura 1.18: Proyección vertical y horizontal del limonero de Juan y el muro que lo rodea, con las correspondientes medidas.

Solución

a) La copa esférica estará iluminada en más de un 50 % cuando el Sol tenga una elevación igual o mayor a la que haga que el rayo rasante que pase por el muro atraviese el centro de la copa. De acuerdo con la figura 1.19, que representa un corte vertical a lo largo del plano que contiene el Sol y el tronco del limonero, tenemos que ese ángulo $a_{\min}$ cumple que:

$$a_{\min} = \arctan\left(\frac{h_m - h_c}{d}\right) = \arctan\left(\frac{1}{2.5}\right) = \arctan 0.4$$

$$= 21.8°$$

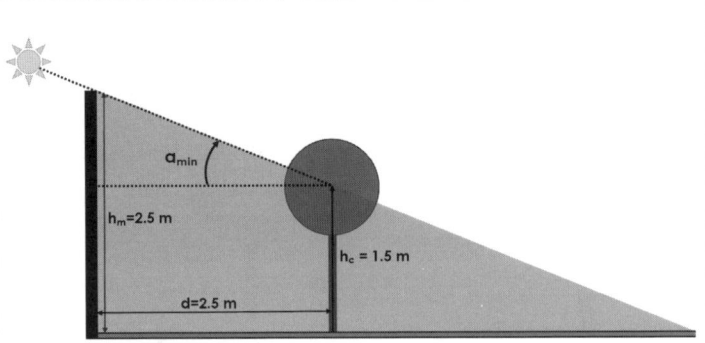

Figura 1.19: Proyección vertical del limonero de Juan y el muro que le rodea, mostrando la elevación mínima del Sol para iluminar un 50 % de la copa.

b) A continuación, podemos calcular durante cuántas horas al día tiene el Sol una elevación mayor o igual a ese ángulo mínimo. El ángulo horario H en que un astro tiene elevación $a_{\min}$ podemos calcularlo despejando en la ecuación 1.7, y viene dado por la expresión:

$$\cos H = \frac{\operatorname{sen} a_{\min} - \operatorname{sen} \delta_\odot \operatorname{sen} \phi}{\cos \delta_\odot \cos \phi} \tag{1.26}$$

Ese valor depende, como vemos, de la declinación del Sol, por lo que vamos a calcularlo en las fechas concretas que nos piden. Comenzamos por los equinoccios, en los que $\delta_\odot^{Eq} = 0°$:

$$\cos H^{Eq} = \frac{\operatorname{sen} a_{\min}}{\cos \phi} = \frac{0.37137}{0.78926} = 0.47052$$

De donde:

$$H^{Eq} = \pm 61.932° = \pm\frac{61.932°}{15°/1^h} = \pm 4.1288^h$$

El tiempo que el Sol está sobre el horizonte con mayor elevación a la mínima requerida es, por tanto:

$$\Delta T^{Eq} = 2H^{Eq} = 8.2576^h = 8^h 15^m 27.4^s$$

Ese es el número de horas que el Sol iluminará más del 50 % de la copa el día del equinoccio vernal y del otoñal. De modo análogo, teniendo en cuenta que en el solsticio de verano $\delta_\odot^{SV} = 23.5°$ y en el solsticio de invierno $\delta_\odot^{SI} = -23.5°$, y aplicando la ecuación 1.26, podemos calcular los periodos correspondientes en ambas fechas:

$$\Delta T^{SV} = 2H^{SV} = 10.6578^h = 10^h 39^m 28^s$$
$$\Delta T^{SI} = 2H^{SI} = 4.2185^h = 4^h 13^m 6.6^s$$

Por lo tanto, parece que Juan puede estar tranquilo, y el limonero tendrá suficiente luz solar durante la mayor parte del año[a].

c) La última parte del problema es un poco más engorrosa en cuanto al cálculo numérico, pero sencilla desde el punto de vista conceptual. Necesitamos calcular las fechas en que el Sol tiene una elevación igual o mayor a la mínima calculada durante un periodo de 6 horas. Nuevamente utilizaremos la ecuación 1.26, pero en esta ocasión el valor de H será conocido (ya que sabemos cuánto tiempo está el Sol sobre esa elevación) y desconocemos $\delta_\odot$. El valor de H es sencillo de calcular, ya que sabemos que si el Sol está sobre la elevación mínima 6^h, el ángulo horario H correspondiente a dicha elevación mínima cumple $2H = 6^h$ o, $H = 3^h = 45°$. Entonces, teniendo en cuenta que $a_{min} = 21.8°$ y $\phi = 37.883°$ podemos escribir:

$$\cos H \cos \delta_\odot \cos \phi = \operatorname{sen} a_{min} - \operatorname{sen} \delta_\odot \operatorname{sen} \phi$$
$$0.55810 \cos \delta_\odot = 0.37137 - 0.61405 \operatorname{sen} \delta_\odot$$

y, elevando al cuadrado y teniendo en cuenta que $\cos^2 \delta_\odot + \operatorname{sen}^2 \delta_\odot = 1$ puede reescribirse:

$$0.68856 \operatorname{sen}^2 \delta_\odot - 0.45608 \operatorname{sen} \delta_\odot - 0.17360 = 0$$

que es una ecuación de segundo grado cuyas soluciones son: $\delta_{\odot,1} = 68.857°$ y $\delta_{\odot,2} = -15.683°$. La primera es, obviamente, una solución espuria sin sentido para el Sol.

Por último, debemos calcular (aproximadamente) en qué fechas tiene el Sol esa declinación $\delta_\odot = -15.683°$. Sabemos que debe ser una fecha algo anterior al equinoccio de primavera o posterior al de otoño puesto que la declinación es negativa. Una forma sencilla de calcularlo es aproximando la declinación solar por una función seno de periodo 365 días, y cuya amplitud es la oblicuidad de la eclíptica ($\epsilon = 23.5°$) como:

$$\delta_\odot \approx 23.5° \operatorname{sen}\left(\frac{360°}{365\,\text{días}}d\right) \tag{1.27}$$

donde d es el número de días transcurridos desde el equinoccio de primavera. En nuestro caso, conocemos la declinación del Sol y queremos el número de días d, de modo que:

$$d \approx \frac{365\,\text{días}}{360°}\arcsin\left(\frac{\delta_\odot}{23.5°}\right) \tag{1.28}$$

Sustituyendo el valor de la declinación solar se obtiene la solución $d \approx -42$ días. Ésta es la solución del cuarto cuadrante. Existe otra solución en el tercer cuadrante, pero con esta solución ya podemos obtener las dos fechas deseadas notando el hecho de que, si en lugar de tomar como referencia el equinoccio vernal usamos el equinoccio de otoño, la ecuación 1.28 es válida, sin más que cambiar de signo. Entonces, el Sol tiene la declinación buscada unos 42 días antes del equinoccio de primavera o 42 días después del de otoño. Las fechas aproximadas correspondientes son, por tanto, el 7 de febrero y 2 de noviembre respectivamente. Por tanto, las condiciones buscadas se dan durante los 269 días comprendidos entre esas fechas, que corresponden a un 74 % del año.

---

[a] Se pueden calcular de forma análoga estos periodos para el caso en que la copa esté completamente iluminada, obteniendo un valor de $a_{min} = 32.5°$. En ese caso, los periodos correspondientes serían 6^h17^m en los equinoccios, y 8^h49^m en el solsticio de verano. En el solsticio de invierno, la copa nunca llega a estar totalmente iluminada. Estos cálculos se dejan como ejercicio extra al lector.

Problema 1.23 *Ascensión recta del Sol*

En ocasiones se usa la aproximación de que la ascensión recta del Sol $\alpha_\odot$ crece linealmente con el tiempo (p.e. en problema 1.10). Incluso ignorando el efecto de la excentricidad de la órbita terrestre, el Sol se mueve sobre la eclíptica, con una inclinación[21] de $\epsilon = 23°27'$ respecto del ecuador (llamada *oblicuidad de la eclíptica*). Sería por tanto mejor aproximación suponer que es la longitud eclíptica del Sol, $\lambda_\odot$, la que crece linealmente con el tiempo.

21: Usamos aquí su valor más exacto, aunque recordamos que en la resolución del resto de problemas lo aproximamos a 23.5°.

a) Demostrar que la ascensión recta del Sol está relacionada con su longitud eclíptica a través de la ecuación: $\tan \alpha_\odot = \tan \lambda_\odot \cos \epsilon$.

b) Calcular cuándo es máxima la diferencia entre ambas cantidades, y cuál es su valor en ese caso.

Solución

a) El Sol se encuentra sobre la eclíptica, por lo que su latitud eclíptica es siempre $\beta_\odot = 0°$. Usando las ecuaciones 1.9 a 1.11 y particularizando para el Sol, encontramos las ecuaciones de cambio de coordenadas eclípticas a ecuatoriales para éste:

$$\text{sen } \alpha_\odot \cos \delta_\odot = \cos \epsilon \text{ sen } \lambda_\odot \tag{1.29}$$

$$\cos \alpha_\odot \cos \delta_\odot = \cos \lambda_\odot \tag{1.30}$$

$$\text{sen } \delta_\odot = \text{sen } \epsilon \text{ sen } \lambda_\odot \tag{1.31}$$

Si dividimos la ecuación 1.29 entre la 1.30, obtenemos la relación buscada:

$$\tan \alpha_\odot = \tan \lambda_\odot \cos \epsilon \tag{1.32}$$

b) Para encontrar cuándo la ascensión recta del Sol tiene su diferencia máxima respecto de su longitud eclíptica tendremos que calcular la derivada de la expresión correspondiente e igualar a cero. Es decir:

$$\frac{d(\alpha_\odot - \lambda_\odot)}{d\lambda_\odot} = 0$$

Sustituyendo la ascensión recta del Sol de la ecuación 1.32

tenemos:

$$\frac{d}{d\lambda_\odot}(\arctan(\tan\lambda_\odot\cos\epsilon) - \lambda_\odot) = 0$$

Calculando la derivada obtenemos:

$$\frac{\cos\epsilon\,(1 + \tan^2\lambda_\odot)}{1 + \tan^2\lambda_\odot\cos^2\epsilon} - 1 = 0$$

de la que se deduce fácilmente que:

$$\tan^2\lambda_\odot = \frac{1}{\cos\epsilon}$$

Es decir, la solución buscada es:

$$\lambda_\odot = \arctan\sqrt{\frac{1}{\cos\epsilon}} = 0.807\,\text{rad} = 46.24°$$

donde hemos cogido solo la solución más sencilla (tomando el valor positivo de la raíz y de la arcotangente). Existen, no obstante, otras tres soluciones posibles:

$$\lambda_\odot = 180° + 46.24° = 226.24°$$
$$\lambda_\odot = 180° - 46.24° = 133.76°$$
$$\lambda_\odot = 360° - 46.24° = 313.76°$$

Las soluciones se encuentran, aproximadamente, a medio camino en cada cuadrante, y en esos puntos, la diferencia máxima con la ascensión recta es:

$$|\alpha_\odot - \lambda_\odot| = \arctan(\tan\lambda_\odot\cos\epsilon) - \lambda_\odot| = 2.48°$$

Como vemos, la diferencia es pequeña, pero si se traduce a unidades de tiempo (donde 60 min corresponden a 15°), esa diferencia de tiempo equivale a 9.92 minutos, que puede ser significativa.

Observaciones astronómicas | 2

En Astrofísica se usan determinados conceptos y cantidades para medir la radiación electromagnética de los astros, que aparecen también en otros campos de la física aunque a veces con nombres diferentes[1]. Afortunadamente, por el contexto y por las unidades, es sencillo evitar las ambigüedades. En este libro usaremos las siguientes definiciones:

1: Es el caso de la radiancia y la irradiancia, que se corresponden con los términos intensidad y flujo, respectivamente.

Intensidad   Específica: I_ν
                                        Total: I

Intensidad específica (I_ν): Es la cantidad de **energía por unidad de tiempo, unidad de área, unidad de frecuencia y unidad de ángulo sólido**. También es llamada a veces radiancia espectral.

Cuando la intensidad específica se integra para todo el espectro electromagnético o para un rango espectral determinado, se denomina *total*[2] y se nota sin subíndice o con un subíndice que indique el rango espectral o la banda fotométrica a la que se refiere (p.e. I_R, para la banda fotométrica R).

2: Idem para el resto de definiciones que siguen. Debe entenderse *total* como un valor que resulta de integrar la correspondiente magnitud específica, I_ν en este caso, en un cierto rango de frecuencias.

Flujo o densidad de flujo (o brillo)   Específico: f_ν (o F_ν)
                                                  Total: f (o F)

El **flujo específico** es la cantidad de **energía por unidad de tiempo, unidad de área y unidad de frecuencia** (o longitud de onda, f_λ o F_λ). En Astrofísica es frecuente usar como unidad el Jansky (Jy), equivalente a $10^{-26}\,\mathrm{W\,m^{-2}\,Hz^{-1}}$.

El **flujo total** (o densidad de flujo o, simplemente, brillo), f o F, es la cantidad de **energía por unidad de tiempo y unidad de área**. Es un flujo específico integrado en un determinado rango de frecuencias (o longitudes de onda).

La densidad de flujo (específica o total), cuando es referida a la radiación recibida de un astro, es una **cantidad aparente**, en el sentido de que su valor depende de la distancia a la que dicho astro esté de nosotros.

Puede demostrarse que para **radiación isótropa** (i.e. que no depende de la dirección), el flujo saliente a través de una superficie y la intensidad están relacionadas mediante un factor π:

$$F = \pi I \quad (\text{o equivalentemente}: F_\nu = \pi I_\nu)\qquad(2.1)$$

Luminosidad
Específica: L_ν
Total: L

La luminosidad representa la **potencia emisora de una fuente** y es una propiedad intrínseca de la misma. Es la cantidad de **energía por unidad de tiempo** que emite. Usualmente se mide en una banda del espectro electromagnético que se indica como subíndice (p.e. L_B para luminosidad medida en la banda fotométrica B). La **luminosidad bolométrica** es la energía por unidad de tiempo emitida en todo el espectro electromagnético.

En ausencia de extinción, y para astros que emiten de forma isótropa, la luminosidad puede calcularse a partir del flujo observado si se conoce la distancia (r) del astro:

$$L = f4\pi r^2 \quad (\text{o equivalentemente}: L_\nu = f_\nu 4\pi r^2)\qquad(2.2)$$

Brillo superficial
Específico: B_ν
Total: B

El **brillo superficial** es el **flujo recibido por unidad de ángulo sólido** (Ω):

$$B = \frac{f}{\Omega}\qquad(2.3)$$

Puede ser también específico/espectral (esto es, por unidad de frecuencia o de longitud de onda, B_ν o B_λ), en cuyo caso tiene las mismas unidades que la intensidad específica. Es una propiedad intrínseca de la fuente y no depende de la distancia.

Para un **objeto extenso**[3], el brillo superficial del mismo coincide con la intensidad o radiancia del objeto.

3: Aquel que subtiende un ángulo en el cielo mayor que la resolución angular del instrumento con el que se observa. Galaxias y nebulosas cercanas, el Sol, la Luna o planetas del Sistema Solar, son ejemplos típicos de objetos extensos.

En Astrofísica (especialmente en el rango visible e infrarrojo) es común usar magnitudes para medir brillos, que son una versión en escala logarítmica de estas cantidades definidas anteriormente. Están referidas a un patrón de flujo específico correspondiente al cero de la escala. Así, se definen los siguientes **tipos de magnitudes**:

Magnitud aparente $\qquad m$

La magnitud aparente (m) se define[4] como:

$$m = -2.5 \log_{10}\left(\frac{f}{f_0}\right) \qquad (2.4)$$

Es una medida del flujo f de la fuente (en unidades de la cantidad f_0, que es el flujo de un objeto de magnitud 0). Al igual que el flujo, es una **cantidad aparente**, que depende de la distancia a la que esté el astro.

Con frecuencia se mide en una banda/filtro que se indica, o con un subíndice o, simplemente, con la letra mayúscula correspondiente al filtro (p.e. m_V o V para la magnitud aparente en la banda fotométrica V). El valor de f_0 depende también de la banda fotométrica o filtro.

Llamamos **color de un astro** a la diferencia de sus magnitudes en dos longitudes de onda o bandas fotométricas distintas. Así, el color $B - V$ de un astro viene dado por:

$$B - V \equiv m_B - m_V$$

Magnitud absoluta $\qquad M$

Es la **magnitud aparente si la fuente se encontrara a una distancia de 10 pc**. La relación con la magnitud aparente (en ausencia de extinción) es el llamado **módulo de distancia**, $m - M$:

$$m - M = 5 \log r[\text{pc}] - 5 \qquad (2.5)$$

La magnitud absoluta M constituye una medida de la luminosidad de la fuente y, como tal, **es una propiedad intrínseca** de la fuente. De la definición de M puede deducirse que:

$$M - M_{\text{bol},\odot} = -2.5 \log\left(\frac{L}{L_\odot}\right)$$

donde $L_\odot$ y $M_{\text{bol},\odot}$ son, respectivamente, la luminosidad y la magnitud absoluta bolométricas del Sol.

Al igual que la aparente, la magnitud absoluta suele medirse en una banda/filtro, que se indica como subíndice (p.e. M_K para la magnitud absoluta en la banda K). Sin embargo, cuando nos referimos a la emisión de un astro en todas las longitudes de onda de espectro electromagnético, la magnitud absoluta asociada recibe el nombre de **bolométrica**. Definimos la **corrección bolométrica**, CB, como:

$$CB = M_{\text{bol}} - M_V$$

4: Es **muy importante** notar que **la definición incluye un logaritmo decimal (base 10)**. En lo que sigue, para simplificar la notación, escribiremos simplemente 'log', pero dicho logaritmo no debe confundirse con el natural (base e, con notación ln).

Dicha corrección nos permite calcular la magnitud absoluta bolométrica, conocida la magnitud absoluta en la banda V. Podemos decir que dicha constante cuantifica la cantidad de energía que el astro emite fuera de la banda V. Para las estrellas, la corrección bolométrica depende de su tipo espectral y clase de luminosidad.

Brillo superficial (en magnitudes) μ

Es el equivalente en magnitudes del brillo superficial ($B = f/\Omega$) definido anteriormente, es decir:

$$\mu = -2.5 \log\left(\frac{B}{f_0}\right) = -2.5 \log\left(\frac{f}{f_0 \cdot \Omega}\right) = m + 2.5 \log \Omega \qquad (2.6)$$

Es frecuente medir el ángulo sólido en arcsec^2 y expresar el brillo superficial en mag/arcsec^2.

En las definiciones anteriores hemos ignorado un hecho observacional conocido: la extinción o atenuación que sufre la luz emitida por los astros al atravesar el medio interestelar. Ocurre porque **el gas y el polvo** presentes en ese medio **absorben y dispersan parte de la radiación**.

La extinción tiene una fuerte dependencia con la longitud de onda, siendo más eficiente en la luz ultravioleta y azul, con longitudes de onda cortas, que en la luz roja, con longitud de onda mayor. Como consecuencia, **la extinción interestelar produce atenuación y enrojecimiento** de la luz. Es decir, en presencia de extinción los objetos nos parecen más débiles y más enrojecidos de lo que son en realidad.

Extinción interestelar

Extinción: A_V
Exceso de color: E_{B-V}

La extinción **suele expresarse en magnitudes**. Si llamamos $m_{\lambda,\text{obs}}$ a la magnitud aparente observada de un astro (y por tanto, afectada de una cierta extinción), y m_λ a la magnitud aparente que mediríamos en ausencia de extinción, definimos la extinción en magnitudes A_λ a una longitud de onda λ como:

$$A_\lambda = m_{\lambda,\text{obs}} - m_\lambda$$

Por definición, la extinción es siempre una cantidad positiva, pues por la definición de magnitud aparente, ésta será mayor (menos flujo) si está afectada de extinción: $m_{\lambda,\mathrm{obs}} > m_\lambda$.

Así, en caso de que exista extinción, en la expresión del módulo de distancia (ecuación 2.5), debemos tener cuidado, pues la magnitud aparente de dicha expresión es la corregida de extinción. Si suponemos observaciones en la banda V la ecuación 2.5 reescrita en términos de la magnitud observada ($m_{V,\mathrm{obs}}$) y de la extinción (A_V), tiene la forma:

$$m_{V,\mathrm{obs}} - M_V = 5\log r[\mathrm{pc}] - 5 + A_V \tag{2.7}$$

Llamamos **exceso de color,** E_{B-V}, a la diferencia entre el color observado ($m_{B,\mathrm{obs}} - m_{V,\mathrm{obs}}$) y el color intrínseco o verdadero ($m_B - m_V$, i.e. sin extinción) de un astro:

$$E_{B-V} = (m_{B,\mathrm{obs}} - m_{V,\mathrm{obs}}) - (m_B - m_V) = A_B - A_V$$

E_{B-V} es una medida de cuánto se ha enrojecido la luz de una estrella (u otro astro) debido a la extinción interestelar, comparado con el color que debería tener si no hubiera polvo. El exceso de color y la extinción en la banda V se relacionan a través del parámetro R_V:

$$R_V = \frac{A_V}{E_{B-V}}$$

para el cual se suele usar el valor promedio medido en el medio interestelar de la Vía Láctea: $R_V \approx 3.1$.

Problema 2.1   *"Sumando" magnitudes*

Sea un sistema doble de estrellas (A y B), las cuales tienen magnitudes aparentes m_A y m_B.

a) Obtener la expresión de la magnitud total m_T del sistema doble como función de las magnitudes individuales de las dos estrellas.

b) Calcular la magnitud total del sistema Alfa Centauri cuando no puede resolverse en sus estrellas individuales, sabiendo que sus componentes Centauri A y Centauri B tienen magnitudes aparentes $m_A = +0.01$ y $m_B = +1.33$, respectivamente.

Solución

a) Al ser las magnitudes cantidades logarítmicas, la magnitud de un sistema no se puede obtener de la suma de las magnitudes de las componentes, sino que se suman los flujos, y se recalcula la magnitud que corresponde al flujo total.

Tendremos por tanto que deshacer el logaritmo en la definición de magnitud para cada estrella (m_A y m_B), sumar los flujos (f_A y f_B), y volver a hacer el logaritmo del flujo suma (f_T). Es decir, despejando a partir de la definición de magnitud

$$m = -2.5 \log \left(\frac{f}{f_0} \right) \implies f = 10^{-0.4m} \, f_0$$

y por tanto el flujo total será:

$$f_T = f_A + f_B = 10^{-0.4m_A} \, f_0 + 10^{-0.4m_B} \, f_0 = \left(10^{-0.4m_A} + 10^{-0.4m_B} \right) f_0$$

y volviendo a tomar el logaritmo para calcular la magnitud total del sistema, se obtiene:

$$m_T = -2.5 \log \left(\frac{f_T}{f_0} \right) = -2.5 \log \left(10^{-0.4m_A} + 10^{-0.4m_B} \right) \quad (2.8)$$

que es fácilmente generalizable a la magnitud total de N fuentes no resueltas (y por tanto vistas como una sola fuente luminosa). Queda evidente que la magnitud suma no corresponde a la suma de magnitudes[5], sino a la expresión anterior. Notar además que, debido al signo menos delante del logaritmo, añadir la contribución de cualquier fuente luminosa en la suma anterior siempre *disminuirá* la magnitud total, como debe ocurrir al aumentar su brillo.

b) Aplicando la expresión anterior (ecuación 2.8) al sistema binario Alfa Centauri (ignorando la contribución de Alfa Centauri C, también conocida como Próxima Centauri), se obtiene

$$m_T = -2.5 \log \left(10^{-0.4 \cdot 0.01} + 10^{-0.4 \cdot 1.33}\right)$$
$$= -2.5 \log (0.991 + 0.293) = -0.27$$

Es decir, la suma de dos magnitudes positivas puede dar una magnitud negativa[6], ya que la magnitud total siempre ha de ser *menor* que la más baja de todas (o, en términos de flujos, el brillo total siempre ha de ser *mayor* que el más alto de los brillos individuales).

5: Dicho de otra manera: el logaritmo de la suma (la magnitud aparente total) no es la suma de los logaritmos (no es la suma de las magnitudes aparentes individuales).

6: Como curiosidad, aplicando esa misma expresión, la *suma* 0+0 (en magnitudes) no resulta 0 sino $-2.5 \log 2 \simeq -0.75$.

| Problema 2.2 | *Conversión magnitud-flujo* |

La estrella supergigante roja Alfa Orionis (también conocida como Betelgeuse) tiene una magnitud aparente de +0.5, aunque muestra una gran variabilidad que, a veces, ha hecho pensar que está llegando al final de su vida. Calcular cuánto debe aumentar su brillo para que su magnitud aparente alcance valores negativos.

Solución

El ejercicio nos da como dato su magnitud aparente inicial, pero nos pide su brillo final, cuando su magnitud aparente se anula justo antes de ser negativa. Para ello es necesario utilizar la relación entre magnitud y flujo (ecuación 2.4):

$$m = -2.5 \log \left(\frac{f}{f_0}\right)$$

Si la particularizamos al instante inicial (i) y al final (f), restamos ambas expresiones, y usamos las propiedades de los logaritmos, obtenemos lo siguiente:

$$m_f - m_i = -2.5 \log \left(\frac{f_f}{f_0} \frac{f_0}{f_i} \right) = -2.5 \log \left(\frac{f_f}{f_i} \right)$$

siendo en nuestro caso $m_f = 0$ ya que queremos ver cuándo se produce el cambio de signo en la magnitud aparente. Podemos despejar el cociente f_f / f_i de la expresión anterior, obteniendo:

$$\frac{f_f}{f_i} = 10^{-0.4(m_f - m_i)} = 10^{0.4 m_i} \simeq 1.58$$

Así que cuando Betelgeuse aumente su brillo más de un 58 % por encima de su valor estándar, su magnitud aparente será negativa. El 30 de abril de 2023 estuvo muy cerca de conseguirlo, ya que su brillo fue un 56 % mayor que su valor catalogado. No obstante, el hecho de que la magnitud sea negativa no tiene mayor relevancia en lo que se refiere a las propiedades físicas de la estrella.

Problema 2.3 *Estrellas en la Gran Nube de Magallanes*

Dos estrellas con magnitudes aparentes bolométricas $m_1 = 18.5$ y $m_2 = 21$ se encuentran en la galaxia de la Gran Nube de Magallanes (LMC, figura 2.1), cuyo módulo de distancia es $\mu_{LMC} = 18.5$. Las dos estrellas tienen el mismo radio y la separación entre ellas es de unas 1000 UA. Calcular:

a) La razón entre las luminosidades bolométricas y entre las temperaturas efectivas de las dos estrellas. Ignorar la extinción.

b) El diámetro mínimo que necesitaría un telescopio espacial para poder resolver las dos estrellas en el rango visible ($\lambda = 550$ nm).

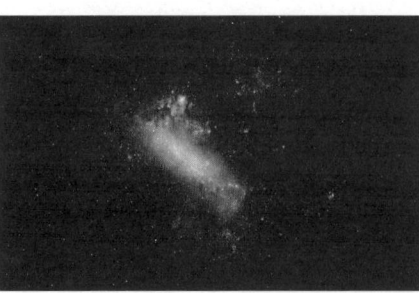

Figura 2.1: Gran Nube de Magallanes. Créditos: Zdeněk Bardon/ESO. https://www.eso.org/ public/spain/images/

Solución

a) Al ser la distancia a la galaxia mucho mayor que la separación entre las estrellas, podemos suponer que las dos estrellas están a la misma distancia r de nosotros. En esta situación, la razón entre los flujos de las dos estrellas (f_1/f_2) es igual a la razón entre sus luminosidades (L_1/L_2), pues en ausencia de extinción $L = f4\pi r^2$. Por tanto, podemos obtener la razón entre las luminosidades de la diferencia entre las magnitudes aparentes bolométricas:

$$m_1 - m_2 = -2.5 \log\left(\frac{f_1}{f_2}\right) = -2.5 \log\left(\frac{L_1/4\pi r^2}{L_2/4\pi r^2}\right) = -2.5 \log\left(\frac{L_1}{L_2}\right)$$

de donde

$$\frac{L_1}{L_2} = 10^{-\frac{m_1-m_2}{2.5}} = 10^{-\frac{18.5-21}{2.5}} = 10$$

La estrella 1 es, por tanto, diez veces más brillante y más luminosa que la estrella 2.

Para calcular la razón entre las temperaturas efectivas de las dos estrellas, consideramos que se comportan como cuerpos negros, con lo que podemos usar la ley de Stefan-Boltzmann[7], que relaciona la luminosidad bolométrica de una estrella (L) con su radio (R) y con su temperatura efectiva (T_{ef}):

$$L = 4\pi R^2 \sigma T_{ef}^4 \tag{2.9}$$

Particularizando para nuestras dos estrellas, tenemos:

$$\frac{L_1}{L_2} = \frac{4\pi R_1^2 \sigma T_{ef,1}^4}{4\pi R_2^2 \sigma T_{ef,2}^4}$$

y al ser $R_1 = R_2$, tenemos que:

$$\frac{T_{ef,1}}{T_{ef,2}} = \left(\frac{L_1}{L_2}\right)^{1/4} = (10)^{1/4} = 1.78$$

Por tanto, la estrella 1 es 10 veces más luminosa y tiene una temperatura 1.78 veces mayor que la estrella 2.

b) Para saber el diámetro mínimo que necesita un telescopio espacial para poder resolverlas necesitamos saber la separación angular en el cielo de las dos estrellas, que llamaremos α.

[7]: La ley de Stefan-Boltzmann establece que un cuerpo negro emite radiación térmica, siendo la densidad de flujo (bolométrico) en la superficie del cuerpo, f, proporcional a la cuarta potencia de su temperatura: $f = \sigma T^4$, donde σ es la constante de Stefan-Boltzmann.

8: El disco de Airy es la mancha circular luminosa central del patrón de difracción que se genera cuando la luz procedente de una fuente puntual pasa a través de una abertura circular. Dicho disco está rodeado por anillos concéntricos de intensidad decreciente.

9: Usando la definición de parsec, existe una relación entre segundos de arco, UA y pc: $\tan 1'' = 1$ UA/1 pc. Como $1''$ es un ángulo pequeño, esta relación se puede escribir como $1'' = 1$ UA/1 pc. Por tanto, si dividimos S en UA entre r en pc, el resultado estará en segundos de arco, que se puede convertir en radianes.

El telescopio espacial que las resuelva tendrá que tener un diámetro tal que su resolución angular teórica (θ, radio del disco de Airy[8]) sea menor que α. Calculemos primero la separación angular α entre las dos estrellas:

$$\alpha[\text{rad}] = \frac{S}{r} \tag{2.10}$$

donde $S = 1000$ UA y r es la distancia a la galaxia, que podemos calcular usando el módulo de distancia:

$$\mu_{LMC} = 18.5 = 5\log r[\text{pc}] - 5 \implies r = 50118.7\,\text{pc}$$

Sustituyendo en la ecuación 2.10 y convirtiendo adecuadamente las unidades, tenemos[9]:

$$\alpha[\text{rad}] = \frac{\frac{1000\,\text{UA}}{206265\,\text{UA/pc}}}{50118.7\,\text{pc}} = 9.67 \cdot 10^{-8}\,\text{rad}$$

Para resolver las dos estrellas necesitamos un telescopio de diámetro D, tal que nos proporcione una $\theta < \alpha$:

$$\alpha > \theta = 1.22\frac{\lambda}{D} \implies D > 1.22\frac{\lambda}{\alpha}$$

$$D > 1.22\frac{550 \cdot 10^{-9}\,\text{m}}{9.67 \cdot 10^{-8}\,\text{rad}} = 6.9\,\text{m}$$

Necesitaríamos entonces un telescopio espacial con un espejo primario mayor de 6.9 m de diámetro para poder resolver estas dos estrellas de la Gran Nube de Magallanes.

Problema 2.4 *Observando supernovas*

Una supernova de tipo Ia (SN Ia) es el producto de una explosión de una estrella enana blanca que forma un sistema binario con una estrella gigante roja. La magnitud absoluta en el momento de máximo brillo de una SN Ia es -19.2 en la banda V (a efectos de este ejercicio, puede considerarse que $M_V = M_{\text{bol}}$ para la supernova). Calcular:

a) La luminosidad de una SN Ia en luminosidades solares. Comparar el orden de magnitud del resultado con la luminosidad de una galaxia de miles de millones de estrellas.

b) La distancia máxima a la que puede ocurrir una SN Ia para que sea visible a simple vista. *Ayuda:* El límite del ojo humano en una noche oscura corresponde a una magnitud aparente +6.

c) La magnitud aparente en banda V que tendría una SN Ia que explotase en la vecina galaxia de Andrómeda (M31), que se encuentra a una distancia de 2.50 millones de años luz.

Solución

a) Para calcular la luminosidad L usamos la expresión que la relaciona con la magnitud absoluta bolométrica M_{bol}

$$M_{bol} = -2.5 \log \left(\frac{L/4\pi(10\,pc)^2}{f_0} \right)$$

Si la aplicamos a la SN Ia y al Sol, restando ambas expresiones y simplificando mediante las propiedades de los logaritmos, se obtiene

$$M_{bol} - M_{bol,\odot} = -2.5 \log \left(\frac{L}{L_\odot} \right)$$

Despejando, podemos calcular la luminosidad, en luminosidades solares, a partir de las magnitudes absolutas bolométricas de la SN Ia y del Sol:

$$L = 10^{-\frac{M_{bol}-M_{bol,\odot}}{2.5}} L_\odot = 10^{-\frac{-19.2-4.74}{2.5}} L_\odot = 3.8 \cdot 10^9 \, L_\odot$$

Es decir, la luminosidad de pico bolométrica de una SN Ia es equivalente a la de unos cuatro mil millones de soles. Se estima que nuestra Galaxia tiene en torno a $2 \cdot 10^{11}$ estrellas, así que la luminosidad es comparable a la potencia emitida por una galaxia un poco menor que la nuestra[10]. La Gran Nube de Magallanes es una galaxia menos masiva y luminosa que la Vía Láctea. Su magnitud absoluta es $M_V = -18.3$, con lo que una SN Ia sería una magnitud más brillante que la propia galaxia[11].

10: De hecho, se estima que la Vía Láctea tiene una magnitud absoluta en V de $M_V = -20.9$.

11: La supernova 1987A, que se produjo en dicha galaxia, tuvo un pico casi tres magnitudes más débil que el brillo de la galaxia ($m_V = +2.9$, comparado con $m_V = +0.13$ para la Gran Nube de Magallanes). Esto no supone ninguna contradicción ya que no fue una SN Ia (que son las que alcanzan magnitudes pico más brillantes).

b) El cálculo de distancias a partir de magnitudes aparentes y absolutas se hace mediante el llamado módulo de distancia $\mu \equiv m - M = 5 \log r - 5$. Conocemos la magnitud absoluta M de la supernova, y el valor límite de la magnitud aparente para poder observar la supernova a ojo desnudo es $m = 6$ (ambas en la misma banda V). Despejando la distancia, r, se obtiene que:

$$r = 10^{\frac{m_V - M_V + 5}{5}} \, \text{pc} = 1.1 \cdot 10^6 \, \text{pc} = 1.1 \, \text{Mpc}$$

Es decir, es necesario que la SN Ia ocurra a una distancia menor de 1.1 Mpc, que equivale a unos 3.6 millones de años luz, para poder observarla a simple vista. Por tanto, podremos ver supernovas a ojo desnudo en nuestra Galaxia, en las Nubes de Magallanes, en el resto de galaxias satélite de la Vía Láctea, e incluso en las vecinas galaxias de Andrómeda o del Triángulo, pero no mucho más allá. Todo esto si ignoramos la extinción por el medio interestelar, que disminuye el brillo aparente y dificulta la observación de objetos incluso en nuestra Galaxia.

c) Este apartado se resuelve igual que el anterior, aunque ahora r es un dato y la incógnita es m. Despejando, y sustituyendo los valores con atención a que r debe estar en pársecs, se tiene que:

$$m_V = M_V + 5 \log r - 5 = -19.2 + 5 \log \left(2.5 \cdot 10^6 \, \text{a.l.} \frac{1 \, \text{pc}}{3.26 \, \text{a.l.}} \right) - 5$$

$$= 5.2$$

Ignorando la extinción, encontramos entonces que la SN Ia de M31 tendría una magnitud aparente $m_V = +5.2$, con lo cual sería visible al ojo desnudo desde un lugar oscuro, de acuerdo con el apartado anterior.

Problema 2.5 *Brillo superficial*

La galaxia de Andrómeda es de tipo espiral, pero presenta un aspecto elíptico en el cielo (figura 1.3) por la inclinación de su disco con respecto al plano de cielo, que es de $i = 77°$. El eje mayor de esta elipse es de 190′. Sabiendo que la magnitud integrada aparente de Andrómeda es de $m_V = 3.44$, calcular el brillo superficial promedio de la galaxia en mag arcsec^{-2} en la banda V.

Solución

Sabemos que, por definición, el brillo superficial de un objeto extenso en mag arcsec^{-2}, viene dado por:

$$\mu_V[\text{mag arcsec}^{-2}] = -2.5 \log\left(\frac{f_V/\Omega[\text{arcsec}^2]}{f_{V,0}}\right)$$

donde $\Omega(\text{arcsec}^2)$ es el ángulo sólido que subtiende el disco del objeto extenso en el cielo. Podemos reescribir dicha ecuación de modo que aparezca explícitamente la magnitud integrada aparente de la galaxia, $m_V = -2.5 \log(f_V/f_{V,0})$, esto es:

$$\mu_V[\text{mag arcsec}^{-2}] = -2.5 \log\left(\frac{f_V}{f_{V,0}}\right) + 2.5 \log \Omega[\text{arcsec}^2]$$

$$\mu_V[\text{mag arcsec}^{-2}] = m_V + 2.5 \log \Omega[\text{arcsec}^2] \qquad (2.11)$$

Como conocemos m_V, sólo necesitamos calcular el ángulo sólido, Ω, y sustituir su valor y el de m_V en la ecuación anterior. Sea r la distancia de la galaxia, y R el radio del disco de la misma. Dado que proyecta una elipse en el cielo debido a la inclinación i del disco, el ángulo sólido Ω, en estereorradianes, viene dado por:

$$\Omega[\text{sr}] = \frac{\text{Área}}{r^2} = \frac{\pi R^2 \cos i}{r^2} = \left(\frac{R}{r}\right)^2 \pi \cos i$$

Por otro lado, R/r es el ángulo que subtiende el radio de la galaxia en radianes o el semieje mayor de la elipse que proyecta en el plano del cielo, $a(\text{rad})$:

$$\Omega[\text{sr}^2] = a[\text{rad}]^2 \pi \cos 77°$$

El ángulo sólido en segundos de arco al cuadrado vendrá dado por la misma expresión anterior, pero con a en segundos de arco. Este último lo obtenemos directamente del dato del enunciado, dividiendo el eje mayor entre dos y multiplicando por 60:

$$\Omega[\text{arcsec}^2] = a[\text{arcsec}]^2 \pi \cos 77° = \left(\frac{190' \cdot 60''/1'}{2}\right)^2 \pi \cos 77°$$

$$= 2.29 \times 10^7 \text{ arcsec}^2$$

El brillo superficial promedio lo calculamos sustituyendo el valor del ángulo sólido en la ecuación 2.11:

$$\mu_V = 3.44 + 2.5\log(2.29 \times 10^7 \, \text{arcsec}^2) = 21.8 \, \text{mag arcsec}^{-2}$$

Este brillo superficial es del mismo orden del que presenta el cielo en una noche oscura (sin Luna) en lugares libres de contaminación lumínica. Por este motivo, a pesar de ser M31 un astro brillante, no es posible observar la galaxia a simple vista, salvo su zona central o bulbo, que tiene un brillo superficial más alto que el promedio de toda la galaxia.

Problema 2.6 *Superluna*

Vamos a analizar el fenómeno de la llamada *superluna*. Este evento astronómico se produce cuando coincide que la Luna llena se encuentra en el perigeo, momento en el que está a su menor distancia de la Tierra. La distancia[12] a la Luna en el perigeo es un 5.5 % menor que la distancia promedio Tierra-Luna. Calcular:

a) El aumento en el ángulo sólido de la Luna en su perigeo, con respecto a su valor a la distancia promedio Tierra-Luna.

b) El aumento de su brillo en el perigeo con respecto a su valor a la distancia promedio Tierra-Luna.

12: La excentricidad de la Luna no es constante. Oscila en el rango [0.026,0.078]. Esto hace que la distancia a la Luna cuando está en el perigeo (o en el apogeo) cambie también con el tiempo. Este problema considera la excentricidad promedio de la Luna, $e = 0.055$.

Solución

a) El ángulo sólido Ω bajo el cual se ve la Luna desde nuestro punto de vista, viene dado por la razón entre la superficie que proyecta la Luna sobre la esfera celeste (A) y su distancia (r) al cuadrado:

$$\Omega = \frac{A}{r^2}$$

Sea R_L el radio de la Luna, y r_m su distancia media a la Tierra, el ángulo sólido promedio de la Luna, Ω_m, será entonces:

$$\Omega_m = \frac{\pi R_L^2}{r_m^2}$$

Durante el perigeo, la distancia Tierra-Luna, r_p, es un 5.5 % menor a la media, esto es $r_p = 0.945\, r_m$. Por tanto, la razón entre el ángulo sólido promedio y el que corresponde al perigeo, viene dado por:

$$\frac{\Omega_p}{\Omega_m} = \frac{\pi R_L^2/r_p^2}{\pi R_L^2/r_m^2} = \frac{r_m^2}{r_p^2} = \frac{r_m^2}{(0.945\, r_m)^2} = \left(\frac{1}{0.945}\right)^2 = 1.12$$

Es decir, al reducirse la distancia de la Luna en un 5.5 % durante el perigeo, el ángulo sólido correspondiente aumenta en un 12 % con respecto al que tiene la Luna cuando está a su distancia promedio.

b) El brillo o flujo recibido de un astro, en este caso de la Luna, es una cantidad aparente, pues depende de la distancia (r) a la cual el astro se encuentra del observador:

$$f = \frac{L}{4\pi r^2}$$

La luminosidad de la Luna llena L_L podemos considerarla constante[13]. Así, la razón entre el brillo de la Luna llena en el perigeo (f_p) y el brillo medio (f_m), viene dada por

$$\frac{f_p}{f_m} = \frac{L_L/4\pi r_p^2}{L_L/4\pi r_m^2} = \frac{r_m^2}{(0.945\, r_m)^2} = \left(\frac{1}{0.945}\right)^2 = 1.12$$

Es decir, al igual que ocurre con el ángulo sólido, el brillo de la Luna llena aumenta en un 12 % cuando está en el perigeo con respecto al brillo de la Luna llena a la distancia promedio Tierra-Luna (lo cual equivale a un descenso de 0.12 magnitudes).

Sin embargo, el brillo superficial promedio de la Luna, B, al ser la razón entre el flujo y el ángulo sólido, no cambia en la superluna, pues ambas cantidades cambian en la misma proporción:

$$\frac{B_p}{B_m} = \frac{f_p/\Omega_p}{f_m/\Omega_m} = \frac{f_p}{f_m}\frac{\Omega_m}{\Omega_p} = 1.12\frac{1}{1.12} = 1$$

13: En realidad, habrá pequeños cambios debido a variaciones en la distancia Sol-Luna, y a ligeras variaciones en la zona iluminada de la Luna debido a la libración lunar, pero estos son muy pequeños y podemos considerarlos despreciables.

Problema 2.7   *Número de fotones recibidos de una fuente*

La banda V tiene una longitud de onda central de 550 nm y un ancho de banda aproximado de 88 nm. En el sistema de magnitudes AB, un objeto de magnitud 0 tiene un flujo de 3631 Jy en la banda V.

a) Mostrar que el número de fotones por centímetro cuadrado y segundo que llegan de una fuente de magnitud 0 es aproximadamente de 880000 o, equivalentemente, unos 1000 fotones $s^{-1}cm^{-2}$ $Å^{-1}$. ¿Cuántos fotones recibiremos por cm^2 y segundo de una fuente con $m_V = 10$ mag? *Ayuda:* calcular en primer lugar la frecuencia central y la anchura en frecuencia de la banda V.

b) Para un telescopio de diámetro $D = 1$ m y con píxeles de 0.5 arcsec de lado, calcular el número de fotones de la banda V que llegan a un píxel procedentes de una región de una galaxia cuyo brillo superficial es de 23 mag $arcsec^{-2}$. Comparar con el número de fotones de la misma banda que llegan a cada píxel procedentes del cielo, si éste tiene un brillo uniforme de 21 mag $arcsec^{-2}$.

Solución

a) Comenzaremos calculando la frecuencia central en la banda V, ν_c, conociendo la longitud de onda central λ_c:

$$\nu_c = \frac{c}{\lambda_c} = \frac{3 \cdot 10^8 \, m\,s^{-1}}{550 \cdot 10^{-9}\,m} = 5.455 \cdot 10^{14}\,Hz \qquad (2.12)$$

Así mismo, derivando la relación entre longitud de onda y frecuencia podemos calcular que: $d\nu = c|d\lambda/\lambda^2|$ de donde, convirtiendo los diferenciales en intervalos finitos, podemos estimar el ancho en frecuencia de la banda V como:

$$\Delta\nu = c\left|\frac{\Delta\lambda}{\lambda_c^2}\right| = 3 \cdot 10^8\,m\,s^{-1}\left|\frac{88 \cdot 10^{-9}\,m}{(550 \cdot 10^{-9}\,m)^2}\right|$$

$$= 8.73 \cdot 10^{13}\,Hz \qquad (2.13)$$

Con esta información[14] podemos calcular el flujo total en la banda V correspondiente a una fuente de magnitud 0, F_V^0:

$$F_V^0 = F_V(m = 0) = \int_V F_\nu(m = 0)\, d\nu$$
$$\approx F_\nu \Delta\nu = 3631\,\text{Jy} \cdot 8.73 \cdot 10^{13}\,\text{Hz}$$
$$= 3.170 \cdot 10^{-9}\,\text{W m}^{-2} = 3.170 \cdot 10^{-13}\,\text{W cm}^{-2}$$

14: Notar que un resultado similar al de la ecuación 2.13 puede obtenerse calculando la diferencia entre las frecuencias correspondientes a las longitudes de onda a ambos lados del intervalo $\lambda_c \pm \Delta\lambda/2$.

Por otro lado, la energía de un fotón de la banda V es de:

$$E_V = \frac{hc}{\lambda_c} = 3.614 \cdot 10^{-19}\,\text{J fotón}^{-1}$$

de donde el flujo de fotones por centímetro cuadrado y segundo de esa fuente será:

$$\phi_0 = \frac{F_V^0}{E_V} = \frac{3.170 \cdot 10^{-13}\,\text{W cm}^{-2}}{3.614 \cdot 10^{-19}\,\text{J fotones}^{-1}} \qquad (2.14)$$
$$= 8.8 \cdot 10^5\,\text{fotones cm}^{-2}\,\text{s}^{-1}$$

que, teniendo en cuenta que se produce en un rango de 880 Å, equivale a unos 1000 fotones $\text{s}^{-1}\text{cm}^{-2}\,\text{Å}^{-1}$. Finalmente, para este primer apartado, tendremos en cuenta que una fuente de magnitud $m_V = 10$ tiene un flujo $10^{-0.4 m_V} = 10^{-4}$ veces menor que una fuente de magnitud 0, por lo que el número de fotones recibidos en la banda V desde esa fuente será de unos $\phi_0 = 88$ fotones $\text{s}^{-1}\,\text{cm}^{-2}$.

b) Calculamos primero los flujos correspondientes a cada segundo de arco cuadrado provenientes de la galaxia (ϕ_G) y del cielo (ϕ_C). De la definición de magnitud aparente, podemos calcular que el flujo de la galaxia correspondiente a 23 mag en un segundo de arco cuadrado es de

$$F_V^{23} = F_V^0 10^{-0.4 \cdot 23}$$

de donde el flujo de fotones, usando la ecuación 2.14, será

$$\phi_G = \frac{F_V^{23}}{E_V} = 10^{-0.4 \cdot 23}\frac{F_V^0}{E_V} = 10^{-0.4 \cdot 23}\phi_0 = 6.31 \cdot 10^{-10}\phi_0$$

Análogamente, para el cielo, con magnitud 21 en un segundo

de arco cuadrado, tendremos:

$$\phi_C = \frac{F_V^{21}}{E_V} = 10^{-0.4 \cdot 21} \frac{F_V^0}{E_V} = 10^{-0.4 \cdot 21} \phi_0 = 3.98 \cdot 10^{-9} \phi_0$$

Teniendo en cuenta el flujo calculado anteriormente para una fuente de magnitud 0, y que un telescopio de $D = 1$ m tiene un área de $\pi(100/2)^2 = 7854 \, \mathrm{cm}^2$, podemos calcular ϕ', el número de fotones recibidos por segundo de tiempo de cada segundo de arco cuadrado de la galaxia y del cielo:

$$\phi'_G = 4.4 \, \text{fotones} \, \mathrm{s}^{-1} \, \mathrm{arcsec}^{-2}$$
$$\phi'_C = 27.5 \, \text{fotones} \, \mathrm{s}^{-1} \, \mathrm{arcsec}^{-2}$$

Como cada píxel tiene un tamaño de 0.5 arcsec de lado, es decir, un área angular de 0.5·0.5=0.25 arcsec^2, el número de fotones por segundo y píxel será el anterior multiplicado por 0.25 $\mathrm{arcsec}^2 \, \mathrm{pix}^{-1}$, tanto para la galaxia como para el cielo:

$$\phi'_G = 1.1 \, \text{fotones} \, \mathrm{s}^{-1} \, \mathrm{pix}^{-1}$$
$$\phi'_C = 6.9 \, \text{fotones} \, \mathrm{s}^{-1} \, \mathrm{pix}^{-1}$$

Vemos que recibimos muy pocos fotones de dicha galaxia en cada píxel, incluso un factor casi 7 veces menor que los que recibimos del brillo de fondo del cielo. Es por eso que observaciones de este tipo de objetos de bajo brillo superficial requieren telescopios de gran apertura y largos tiempos de exposición.

Problema 2.8   *Supernovas de nuestra Galaxia*

Una supernova de nuestra Galaxia tiene una magnitud absoluta visual de -19.3, y ha sido observada con una magnitud aparente visual de -4.3. Calcular:

a) La distancia a la supernova sin tener en cuenta la extinción interestelar.

b) La distancia a la supernova teniendo en cuenta una extinción uniforme $a_V = 1$ mag kpc^{-1}.

c) El color con el que se observará la supernova 10 días antes del pico de brillo en la banda B, sabiendo que el color intrínseco en ese momento es $B - V \simeq 0.0$. Para ello, calcular el exceso de color E_{B-V}, usando que la extinción total entre el exceso de color (o extinción selectiva) $R_V = A_V/E_{B-V} = A_V/(A_B - A_V)$ es 3.1 para el medio interestelar de nuestra Galaxia.

Solución

a) Si usamos la expresión del módulo de distancia:

$$m - M = 5 \log r[\text{pc}] - 5$$

y despejamos la distancia r, se obtiene que

$$r = 10^{\frac{m-M+5}{5}} \text{ pc} = 10^{\frac{-4.3+19.3+5}{5}} \text{ pc}$$

Sustituyendo los valores del enunciado obtenemos que $r = 10^4$ pc, es decir, la supernova estaría a una distancia de 10 kpc.

b) Cuando hay extinción, parte de la luz emitida por un astro se dispersa y se absorbe a lo largo de la línea de visión, debido al medio que hay entre el emisor y el observador. Al igual que el flujo, la extinción total suele expresarse en magnitudes, y se denota con A_V (para la banda V).

Suponiendo que la extinción es uniforme a lo largo de la línea de visión, entonces la extinción total[15] A_V es directamente proporcional a la distancia $A_V = a_V\, r$, siendo $a_V = 1$ mag kpc^{-1} como nos dice el enunciado. En este caso en que hay extinción, si m es la magnitud observada, $m - A_V$ es la magnitud corregida de extinción, y podemos reescribir la expresión para el módulo de distancia del siguiente modo:

$$m - M = 5 \log r[\text{pc}] - 5 + A_V$$

Al conocer el valor de a_V en mag kpc^{-1}, nos interesa expresar r en kpc,

$$m - M = 5 \log(10^3 r[\text{kpc}]) - 5 + a_V r[\text{kpc}]$$

15: La extinción A_V está relacionada con la profundidad óptica τ, que cuantifica el factor de atenuación del flujo: $e^{-\tau}$. Dicha relación es $A_V = 2.5\tau \log e \simeq 1.086\tau$ mag.

con lo que la ecuación a resolver es:

$$m - M = 5 \log r[\text{kpc}] + 10 + a_V r[\text{kpc}]$$

Es decir, cuando se considera la extinción por parte del polvo en el medio interestelar, es necesario resolver una ecuación transcendente, donde la diferencia entre magnitud aparente y absoluta viene dada en parte por la distancia (dentro de un logaritmo) y en parte por la extinción. Si sustituimos el valor de a_V nos queda la siguiente ecuación:

$$m - M = 5 \log r[\text{kpc}] + 10 + r[\text{kpc}]$$

cuya solución numérica es $r \simeq 2.78$ kpc, es decir, una supernova que en el apartado a) creíamos que estaba a 10 kpc, resulta que está a menos de 3 kpc, ya que la extinción por el medio interestelar provoca una atenuación de $a_V = 1$ magnitud por cada kpc de distancia. Es decir, la magnitud aparente sin extinción a la distancia real sería

$$m = M + 5 \log \left(\frac{r}{10 \, \text{pc}} \right) = -7.08 \text{ magnitudes}$$

pero la extinción nos hace ver la supernova más débil, le añade $a_V \, r = 2.78$ magnitudes más, con lo que la magnitud observada es -4.3.

16: Al exceso de color E_{B-V}, que es un observable, también se le conoce como *absorción selectiva*, ya que teóricamente corresponde a $E_{B-V} = A_B - A_V$.

c) La absorción total A_V es $a_V r$, mientras que el exceso de color[16] es $E_{B-V} = (B - V)_{\text{obs}} - (B - V)$, donde el subíndice 'obs' indica el color observado, y el término sin subíndice indica el color intrínseco. Despejando de la definición de $R_V \equiv A_V / E_{B-V}$, el color observado es:

$$(B - V)_{\text{obs}} = (B - V) + \frac{A_V}{R_V}$$

Como el color intrínseco es $(B - V) \simeq 0$, obtenemos un color observado $(B - V)_{\text{obs}} \simeq A_V / R_V = 2.78/3.1 \simeq +0.90$ (naranja), mayor que el intrínseco. Por tanto, observamos la supernova más enrojecida debido a la extinción.

Problema 2.9 *Calculando radios estelares*

Calcular el radio que tendría el Sol si se convirtiese en una gigante roja con una luminosidad 2700 veces mayor que la actual y una temperatura efectiva de unos 2600 K (algo menos de la mitad de la actual, que es de unos 5772 K). Expresar el resultado en unidades astronómicas.

Solución

Para obtener el radio R, usamos la relación entre el flujo emitido por la superficie de la estrella, $L/(4\pi R^2)$, y su temperatura efectiva T_{ef} (ley de Stefan-Boltzmann):

$$L = 4\pi R^2 \sigma T_{\text{ef}}^4$$

donde σ es la constante de Stefan-Boltzmann. Si dividimos esta ecuación por la correspondiente para el Sol en la actualidad, obtenemos:

$$\frac{L}{L_\odot} = \left(\frac{R}{R_\odot}\right)^2 \left(\frac{T_{\text{ef}}}{T_{\text{ef},\odot}}\right)^4$$

Despejando, llegamos a la siguiente expresión para el radio:

$$R = \left(\frac{L}{L_\odot}\right)^{1/2} \left(\frac{T_{\text{ef},\odot}}{T_{\text{ef}}}\right)^2 R_\odot$$

Y sustituyendo, obtenemos un radio $R = 256\,R_\odot$. Si usamos el valor actual del radio del Sol, y convertimos el resultado a unidades astronómicas, obtenemos un valor de 1.2 UA, es decir, el Sol llegaría a tener un radio mayor que el radio actual de la órbita de la Tierra alrededor del Sol.

Problema 2.10 *Temperatura efectiva y longitud de onda*

Sabiendo que la temperatura efectiva del Sol es $T_{\text{ef}} = 5772K$, deducir la longitud de onda a la cual la radiación electromagnética emitida por el Sol es máxima.

17: La constante de la derecha, que hemos expresado en unidades del sistema internacional, corresponde aproximadamente a $hc/5k_B$, siendo h la constante de Planck, c la velocidad de la luz, y k_B la constante de Boltzmann.

18: En la práctica, para astros que se comportan aproximadamente como cuerpos negros, es λ_{max} la que se utiliza para determinar su temperatura.

Solución

La ley de desplazamiento de Wien afirma que la radiación emitida por un cuerpo negro, en equilibrio térmico con temperatura T_{ef}, es máxima a la longitud de onda λ_{max}, cuya relación con la temperatura viene dada por[17]:

$$\lambda_{max} T_{ef} = 2.898 \cdot 10^{-3}\, m \cdot K$$

Si despejamos el valor de λ_{max} usando la ecuación anterior, se obtiene para el Sol

$$\lambda_{max} = 5.02 \cdot 10^{-7}\, m = 502\, nm$$

Es decir, la máxima emisión ocurre a una longitud de onda de 502 nm, que corresponde al color verde del rango visible del espectro electromagnético. En realidad, esto no significa que el color del Sol sea verde, puesto que en el resto de longitudes de onda del visible la emisión es prácticamente la misma ya que todas están a ambos lados del máximo y muy cerca de éste, con lo que el color será prácticamente blanco, con una tonalidad naranja muy pálida ($B - V \approx 0.65$)[18].

Problema 2.11 *Límite de Eddington*

La temperatura corporal de una persona es de unos $37\,°C \simeq 310\, K$.

a) Calcular la potencia emitida si la persona estuviese en el vacío y cuando está rodeada de un entorno a unos 25 °C.

b) Comparar el resultado con el límite de Eddington[19], que es la luminosidad máxima que puede tener un objeto en el que la presión de radiación está equilibrada con la fuerza gravitatoria.

19: La luminosidad de Eddington viene dada por la expresión $L = \frac{4\pi G M m_p c}{\sigma_T}$, siendo m_p la masa del protón y σ_T la sección eficaz Thomson, pudiendo también expresarse en términos de la masa y luminosidad solar $L \simeq 3.2 \cdot 10^4 (M/M_\odot)\, L_\odot$.

Solución

a) Si consideramos que la persona se encuentra en equilibrio térmico, podemos estimar la potencia emitida por unidad de área, F, usando la ley de Stefan-Boltzmann y sustituyendo en ella la temperatura corporal de una persona[20]:

$$F = \sigma T^4 = 5.67 \times 10^{-8}\,\mathrm{W\,m^{-2}\,K^{-4}}\,(310\,\mathrm{K})^4 = 524\,\mathrm{W\,m^{-2}}$$

La superficie S de una persona es aproximadamente $2\,\mathrm{m}^2$, así que la potencia que emite una persona en forma de radiación térmica es aproximadamente de

$$L = F\,S = 524\,\mathrm{W\,m^{-2}} \cdot 2\,\mathrm{m}^2 = 1047\,\mathrm{W} = 0.25\,\mathrm{kcal\,s^{-1}}$$

Es decir, irradiaría unas 0.25 kcal cada segundo (900 kcal por hora), lo cual no parece viable energéticamente.

Ahora bien, esto es si estuviera en el vacío, en un ambiente cuya temperatura sea el cero absoluto. En realidad, estamos rodeados de un ambiente que vamos a suponer con temperatura de 25 °C, que emitirá su correspondiente radiación térmica. Aplicando el mismo cálculo anterior para $T = 25 + 273 = 298$ K, encontramos que la potencia térmica que recibe una persona del ambiente es de 900 W aproximadamente.

Así que, de forma neta, una persona *pierde* en forma de radiación térmica 1000 W-900 W=100 W, potencia que es similar a la de una bombilla que no sea de bajo consumo. Esto implica un gasto energético de unas 90 kcal/hora, que corresponde a unos 2100 kcal cada día, y que forma parte del metabolismo basal de una persona.

b) Utilizando la expresión para la luminosidad de Eddington (ver nota lateral), y suponiendo que la masa de una persona es de unos 70 kg, tenemos:

$$L \simeq 3.2 \cdot 10^4\,\frac{M}{M_\odot}\,L_\odot = 3.2 \cdot 10^4\,\frac{70\,\mathrm{kg}}{1.99 \cdot 10^{30}\,\mathrm{kg}}\,3.83 \cdot 10^{26}\,\mathrm{W}$$
$$\simeq 430\,\mathrm{W}$$

Obtenemos que la luminosidad de Eddington es de unos 430 W. Por tanto, la potencia térmica radiada por una persona supera incluso a su límite de Eddington[21].

20: Siendo precisos, el dato que habría que sustituir es la temperatura de la piel, que en algunas zonas del cuerpo puede ser tan baja como 33-34°C.

21: En realidad, el límite de Eddington no se puede aplicar a este caso porque no es un cuerpo en el que la presión de radiación esté en equilibrio con las fuerzas gravitatorias (lo cual sí puede ocurrir, en cambio, en el disco de acreción de un agujero negro, o en el interior de las estrellas).

Problema 2.12   *Colores de estrellas*

La figura 2.2 muestra los espectros de dos estrellas, A y B.
Responder razonadamente:

a) ¿Cuál de ellas tiene un mayor color $V - R$?
b) ¿Cuál será más caliente?

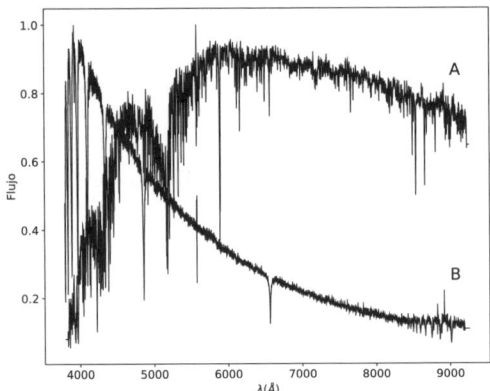

Figura 2.2: Flujo recibido (corregido de extinción y normalizado) en función de la longitud de onda, de dos estrellas A y B de distinta temperatura efectiva.

Solución

a) La figura mencionada muestra el flujo recibido de las dos estrellas en unidades arbitrarias. El color $V - R$ es la diferencia entre las magnitudes aparentes en las bandas fotométricas V y R, centradas en torno a ~5500 y ~ 6600 Å, respectivamente. Podemos escribir el color $V - R$ en función del flujo recibido en las correspondientes bandas, f_V y f_R:

$$V - R = -2.5 \log \frac{f_V}{f_R} + 2.5 \log \frac{f_{V,0}}{f_{R,0}} \qquad (2.15)$$

donde el segundo término, $2.5 \log(f_{V,0} / f_{R,0})$, es una constante para dicho color, que viene determinada por los flujos de objetos con magnitud cero en las bandas V y R.

Los espectros muestran que para la estrella A, la razón de flujos

$\frac{f_V}{f_R} < 1$, mientras que para la B $\frac{f_V}{f_R} > 1$. Teniendo en cuenta la ecuación 2.15, obtenemos:

$$(V - R)_B < (V - R)_A$$

Es decir, la estrella A tiene un mayor color $V - R$. Es una estrella que emite más en el rango espectral de la banda R que en el correspondiente a la V. La estrella A es *más roja* que la B.

b) El espectro de A muestra su máximo de emisión a longitudes de ondas más largas que el de B. Teniendo en cuenta la ley del desplazamiento de Wien, $\lambda_{max} T$ = constante, podemos concluir que la estrella B tiene una temperatura efectiva mayor, siendo por tanto más caliente (y más azul) que la estrella A.

Problema 2.13   *La sombra del agujero negro*

Sgr A* es el agujero negro supermasivo de la Vía Láctea. Tiene una masa de 4.30 millones de masas solares, y se encuentra a una distancia de 26670 años-luz.

a) Comparar el tamaño de un dónut en la Luna con la sombra de Sgr A*, suponiendo que ésta es un factor $3\sqrt{3}/2 \simeq 2.6$ mayor que su radio de Schwarzschild (el cual es 12.7 millones de kilómetros)[22].

b) Estimar el diámetro de telescopio necesario para observar Sgr A* en milimétricas ($\lambda = 1.3$ mm).

22: El radio de Schwarzschild de un agujero negro viene dado por el radio de una esfera (que encierra una masa dada) tal que la velocidad para escapar de dicha masa es igual a la velocidad de la luz, es decir $R_s = 2GM/c^2$, que se puede escribir como $R_s \simeq 3(M/M_\odot)$ km.

Solución

a) Al ser el radio de Schwarzschild igual a 12.7 millones de kilómetros, el radio de la sombra del agujero negro es entonces $R = 33 \cdot 10^6$ km. Como la distancia a Sgr A* es $d = 26670$ años-luz, el diámetro angular en radianes es

$$\theta_{SgrA*} \simeq \tan\theta = \frac{2 \cdot R}{d} = 2.6 \cdot 10^{-10} \text{ radianes}$$

que equivale a unos 54 μas (siendo 1 μas = 10^{-6} segundos de arco).

Por otro lado, un dónut normal de 10 cm de diámetro que

esté en la Luna (es decir, a 384000 km de distancia) tendría un diámetro angular muy similar visto desde la Tierra:

$$\theta_{donut} = \frac{0.10\,\text{m}}{384000 \cdot 1000\,\text{m}} = 2.6 \cdot 10^{-10}\,\text{radianes}$$

b) Según lo calculado en el apartado anterior, para resolver la sombra del agujero negro, la resolución angular debe ser menor que el diámetro angular de la sombra, $2.6 \cdot 10^{-10}$ radianes. Usando el criterio de Rayleigh, la resolución angular teórica de un telescopio de diámetro D que observa a una longitud de onda λ viene dada por el radio del disco de Airy:

$$\theta = 1.22\frac{\lambda}{D} \tag{2.16}$$

Para resolver la sombra de Sgr A*, necesitamos una resolución angular θ, tal que $\theta < \theta_{SgrA*}$. Usando la ecuación 2.16, esto implica que el diámetro D del telescopio debe ser tal que:

$$D > 1.22\,\frac{\lambda}{\theta_{SgrA*}}$$

Como estamos observando en longitudes de onda milimétricas $\lambda = 1.3$ mm, sustituyendo en la ecuación anterior, se obtiene

$$D > 1.22\,\frac{1.3 \cdot 10^{-3}\,\text{m}}{2.6 \cdot 10^{-10}\,\text{radianes}} = 6.100 \cdot 10^{6}\,\text{m} = 6100\,\text{km}$$

Es decir, el diámetro mínimo necesario de un telescopio para que pueda distinguir la sombra del agujero negro supermasivo Sgr A* en milimétricas es de un tamaño comparable al radio de nuestro planeta[23].

23: El 12 de mayo de 2022, la colaboración EHT (*Event Horizon Telescope*) consiguió obtener una imagen de la sombra del agujero negro de Sgr A* gracias al uso de interferometría de muy larga base entre radiotelescopios ubicados alrededor del planeta, que combinados tienen la misma resolución angular que un telescopio equivalente cuyo diámetro es la distancia que los separa.

Problema 2.14 *El telescopio SALT*

El Gran Telescopio Sudafricano (SALT) tiene un diámetro de 11 m. Supongamos que se coloca un detector CCD de 4096x4096 píxeles cuadrados, cada uno de ellos de 15 μm de lado, en el foco primario del telescopio, el cual tiene una relación focal f/2. Calcular la distancia focal (en metros), el tamaño (en segundos de arco) de cada píxel individual y el campo de visión máximo (en minutos de arco).

Solución

Al ser la relación focal f/2, la distancia focal f del espejo primario es igual al doble del diámetro D del telescopio:

$$f = 2 \cdot D = 2 \cdot 11\,\text{m} = 22\,\text{m}$$

El tamaño de cada píxel en segundos de arco, podemos calcularlo a partir de la escala de placa, p, que nos dice a cuántos segundos de arco en el cielo corresponde cada milímetro del plano focal. Con la definición de p:

$$p(\text{arcsec/mm}) = \frac{206265(\text{arcsec/rad})}{f(\text{mm})} = 9.38\,\text{arcsec/mm}$$

Sabiendo que los píxeles son cuadrados, de 15 μm de lado, el tamaño de cada píxel individual es de:

$$p(\text{arcsec/mm}) \cdot 15\,\mu\text{m} = 9.38\,\text{arcsec/mm} \cdot 15 \cdot 10^{-3}\,\text{mm}$$
$$= 0.14\,\text{arcsec/pix}$$

y el campo de visión máximo de SALT con dicho detector será de:

$$0.14\,\text{arcsec/pix} \cdot 4096\,\text{pix} = 576.06'' = 9.6'$$

Es decir, el campo de visión es cuadrado de $9.6' \times 9.6'$.

Problema 2.15 *Detección de objetos débiles*

Una cámara CCD, colocada en un telescopio con un espejo primario de diámetro D, recibe en un intervalo de tiempo dado energía suficiente para detectar estrellas de magnitud m. ¿Cuál debería ser el diámetro de un telescopio para detectar estrellas 50 veces menos brillantes con la misma cámara y durante el mismo intervalo de tiempo?

Solución

Llamemos t al intervalo de tiempo que permite al telescopio de diámetro D detectar estrellas de magnitud m. Dicha magnitud es equivalente a la detección de un flujo (energía por unidad de tiempo y área) f, donde $f = f_0\,10^{-m/2.5}$.

La cantidad de energía (E_D) recibida por el telescopio de diámetro D en dicho tiempo t, viene dada por el producto del flujo recibido en tierra de la estrella (f), el tiempo (t) y el área colectora del telescopio:

$$E_D = f \cdot t \cdot \pi \left(\frac{D}{2}\right)^2$$

Para detectar estrellas 50 veces más débiles, es decir, con flujo $f' = f/50$, necesitaremos un telescopio con diámetro D', tal que nos permita recibir en el mismo tiempo t una energía $E_{D'}$ igual a la que recibimos con el telescopio de diámetro D para las estrellas de flujo f:

$$E_{D'} = E_D \Longrightarrow f' \cdot t \cdot \pi \left(\frac{D'}{2}\right)^2 = f \cdot t \cdot \pi \left(\frac{D}{2}\right)^2$$

Sustituyendo $f' = f/50$ y despejando D' obtenemos

$$D' = \sqrt{50}\, D = 7.07\, D$$

Necesitamos, por tanto, un telescopio con un diámetro unas 7 veces mayor para detectar estrellas 50 veces más débiles (4.25 mag mayor) en el mismo tiempo.

Problema 2.16   *El telescopio ELT*

El Telescopio Extremadamente Grande (*Extremely Large Telescope*, ELT) tendrá un diámetro $D = 39.3$ m y una razón focal efectiva f/18.9.

a) Calcular la escala de placa en el plano focal del telescopio (en arcsec/mm). ¿Cuál es el tamaño angular (en segundos de arco) de un píxel de 40 micras?

b) ¿Cuál es la máxima resolución angular teórica del telescopio a una longitud de onda de $\lambda = 2\,\mu m$?

c) ¿Cuál debería ser la línea de base de un interferómetro con la misma resolución angular de b) trabajando a una longitud de onda de $\lambda = 2$ mm?

Solución

a) La relación focal de un telescopio representa la focal del mismo (f) en unidades del diámetro (D) del espejo primario. Por tanto, en el ELT, la focal efectiva será:

$$f = 18.9 \cdot D = 742.77 \, \text{m}$$

que es una focal extraordinariamente larga.

Por otro lado, de la definición de la escala de placa tenemos que:

$$p(\text{arcsec/mm}) = \frac{206265}{f(\text{mm})}$$

que, en este caso es:

$$p = 0.28 \, \text{arcsec/mm}$$

Por lo tanto, un píxel de tamaño 40 μm corresponderá a un tamaño en el cielo de:

$$\Delta x = 40 \cdot 10^{-3} \, \text{mm} \cdot p = 0.011 \, \text{arcsec}$$

b) La máxima resolución angular alcanzable por el telescopio vendrá limitada por la difracción que, para una apertura de $D = 39.3$ m a una longitud de onda de $\lambda = 2 \, \mu$m será:

$$\theta_{\text{min}} = 1.22 \frac{\lambda}{D}$$
$$= 6.2 \cdot 10^{-8} \, \text{rad} \sim 0.013 \, \text{arcsec}$$

Esta resolución es muy similar al tamaño del píxel calculado más arriba.

c) Finalmente, para un interferómetro trabajando a $\lambda = 2$ mm con la misma resolución, tendríamos:

$$\theta_{\text{min}} = \frac{\lambda}{B}$$

donde B es la línea de base del interferómetro. En este caso, para tener la misma resolución que el ELT necesitaríamos:

$$B = \frac{\lambda}{\theta_{min}} = 32200 \, m = 32.2 \, km$$

Efectivamente, para tener la misma resolución a una longitud de onda mil veces mayor, necesitamos un *tamaño* equivalente de telescopio o línea de base también 1000 veces mayor.

Mecánica celeste y Sistema Solar | 3

Una rama fundamental de la Astrofísica, tanto desde el punto de vista histórico como observacional, es la denominada Mecánica celeste. En particular, es de especial utilidad la solución analítica del *problema de los dos cuerpos* en atracción gravitatoria mutua para explicar las órbitas de planetas, satélites, o sistemas estelares binarios. En el contexto astrofísico, es usual resolver este problema buscando **constantes de movimiento**.

Resumimos a continuación la expresión de dichas constantes cuando se estudia el movimiento desde un sistema de referencia con origen en el centro de masas (C.M.) de los dos cuerpos (ver figura 3.1a). En el contexto de la Astrofísica el estudio del problema de los dos cuerpos se aborda con frecuencia desde un sistema centrado en el cuerpo más masivo (también llamado sistema *heliocéntrico*, figura 3.1b). Para este segundo caso presentaremos la expresión de estas constantes al final de la sección.

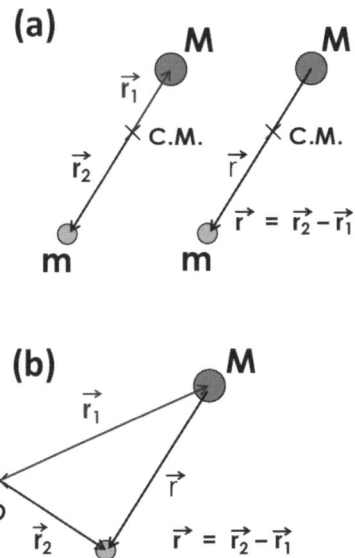

Figura 3.1: Sistemas de referencia para el estudio del problema de los dos cuerpos.

Constantes de movimiento   Momento angular orbital: $\vec{L}$
Sistema referencia: centro de masas   Vector de Laplace-Runge-Lenz: $\vec{e}$
Energía: E

La ecuación del movimiento relativo de los dos cuerpos de masas m y M, usando un sistema de referencia con origen en el centro de masas (figura 3.1a), viene dada por:

$$\ddot{\vec{r}} = -G(M + m)\frac{\vec{r}}{r^3} \tag{3.1}$$

donde G es la constante de gravitación universal, $\vec{r}$ es el vector de posición relativo de m con respecto a M, y usamos la notación en la que un punto sobre una variable denota derivación con respecto al tiempo.

- Al tratarse de un problema de fuerzas centrales, el **vector momento angular**

$$\vec{L} = \mu\vec{r} \times \vec{v} \tag{3.2}$$

es una constante de movimiento, lo cual implica que la órbita está contenida en un plano (perpendicular a $\vec{L}$). En esta expresión $\mu \equiv Mm/(M+m)$ es la masa reducida del sistema formado por los dos cuerpos, y $\vec{v} \equiv \dot{\vec{r}}$ la velocidad relativa entre ambos. En la mayoría de aplicaciones en Astronomía, es más práctico definir el vector momento angular por unidad de masa:

$$\vec{\ell} = \frac{\vec{L}}{\mu} = \vec{r} \times \vec{v} \tag{3.3}$$

que también es una constante de movimiento.

- Otra constante de movimiento importante es el llamado **vector de Laplace-Runge-Lenz** $\vec{e}$ definido por:

$$\vec{e} = \frac{\vec{v} \times \vec{L}}{GMm} - \frac{\vec{r}}{r} \tag{3.4}$$

El vector de Laplace-Runge-Lenz está contenido en el plano de la órbita apuntando hacia el periastro (que se define en la siguiente sección), y su módulo es la excentricidad de la órbita, e.

- Finalmente, tenemos otra constante del movimiento, que es la **energía mecánica** del sistema referida al centro de masas:

$$E = \frac{1}{2}\mu v^2 - \frac{GMm}{r} \tag{3.5}$$

De nuevo, en la mayoría de aplicaciones en Astronomía suele ser más útil definir la energía por unidad de masa reducida $\varepsilon = E/\mu$:

$$\varepsilon = \frac{1}{2}v^2 - \frac{G(M + m)}{r} \tag{3.6}$$

Aparentemente hay más constantes de movimiento que las esperadas, lo cual se debe a que no son independientes entre sí[1].

Por completitud, y para evitar confusiones, se muestran a continuación las expresiones de las constantes de movimiento y las relaciones entre ellas cuando se utiliza un sistema de referencia con origen en el centro de masas del cuerpo más masivo. Notaremos las magnitudes con *prima* para evidenciar que su expresión es distinta de la que se obtiene en el sistema con origen en el centro de masas. No obstante, en la resolución de problemas no pondremos la *prima*. Cabe mencionar que en el caso límite $m \ll M$, estamos implícitamente asumiendo un sistema de referencia heliocéntrico, y las expresiones de las constantes de movimiento por tanto coinciden.

1: Sabemos que las condiciones iniciales del problema constituyen un total de seis constantes de movimiento, aunque hemos encontrado siete. Las relaciones entre estas constantes de movimiento son: $2\varepsilon\ell^2/(e^2 - 1) = [G(M + m)]^2$ y $\vec{\ell} \cdot \vec{e} = 0$, con lo que solo cinco constantes son independientes. La constante que falta es el tiempo de paso por el perihelio, τ.

Constantes de movimiento
Sistema referencia: cuerpo masivo ('heliocéntrico')

La ecuación del movimiento relativo de los dos cuerpos (con masas m y M) en el sistema de referencia heliocéntrico (figura 3.1b), viene dada por:

$$\ddot{\vec{r}} = -G(M + m)\frac{\vec{r}}{r^3} \tag{3.7}$$

donde $\vec{r}$ es el vector de posición relativa de m desde M. Las constantes del movimiento en este sistema toman la forma:

- **Momento angular** del cuerpo de masa m

$$\vec{L}' = m\vec{r} \times \vec{v} \tag{3.8}$$

o equivalentemente su momento angular por unidad de masa $\vec{l}' = \vec{L}'/m$:

$$\vec{l}' = \vec{r} \times \vec{v} \tag{3.9}$$

con $\vec{v} = \dot{\vec{r}}$. Notar que $\vec{l}' = \vec{l}$.

- **Vector de Laplace-Runge-Lenz, $\vec{e}$:**

$$\vec{e} = \frac{\vec{v} \times \vec{L}'}{Gm(M + m)} - \frac{\vec{r}}{r} \tag{3.10}$$

- **Integral de energía, ε'**

$$\varepsilon' = \frac{1}{2}v^2 - \frac{G(M + m)}{r} \tag{3.11}$$

Podemos observar que la integral de energía ε' coincide con la energía por unidad de masa reducida ε, $\varepsilon' = \varepsilon$. Además, en el límite $m \ll M$, la energía total del cuerpo de masa m viene dada simplemente por εm.

Las relaciones entre estas tres constantes son las mismas que para el sistema en el centro de masas:

$$\vec{l}' \cdot \vec{e} = 0$$

$$[G(M + m)]^2 (e^2 - 1) = 2\varepsilon' l'^2$$

La solución del problema de los dos cuerpos se suele presentar en términos de la **ecuación de la órbita**, que permite una relación cerrada entre la coordenada radial r y la azimutal ϕ:

Ecuación de la órbita

$$r(\phi) = \frac{\alpha}{1 + e \cos \phi} \tag{3.12}$$

siendo $\alpha = r(\phi = \pi/2)$ el *semilatus rectum* de la órbita. La coordenada ϕ se llama *anomalía verdadera*. El numerador de la ecuación 3.12 también puede escribirse como $\alpha = a|1 - e^2|$ (donde a es el semieje mayor de la órbita). Cuando ϕ toma los valores 0 y π, la coordenada radial adquiere los valores mínimo y máximo respectivamente, denominados *periastro* y *apoastro*, con distancias al foco $r_p = a(1 - e)$ y $r_a = a(1 + e)$. Si se trata de cuerpos que orbitan al Sol, dichos puntos de la órbita se denominan *perihelio* y *afelio*.

Matemáticamente esta ecuación es la de cualquier curva cónica en coordenadas polares, con $e = 0$ para la circunferencia, $0 < e < 1$ para la elipse, $e = 1$ para la parábola, y $1 < e < \infty$ para la hipérbola. La solución del problema de los dos cuerpos implica, por tanto, que **las órbitas son curvas cónicas**.

A partir de estos resultados y definiciones es posible explicar las **leyes de Kepler**:

Leyes de Kepler

1ª ley de Kepler. *Las órbitas de los planetas son elipses, con el Sol en uno de sus focos.*

- En realidad, las órbitas de ambos cuerpos (Sol y planeta) siguen una cónica del mismo tipo en torno al centro de masas común, pero para un planeta alrededor del Sol, el centro de masas estará prácticamente en la posición del Sol, que apenas se moverá por tener una masa mucho mayor que el planeta.

- Puede demostrarse que para sistemas ligados (órbitas cerradas), con $E < 0$, la órbita es una elipse o circunferencia, mientras que para $E \geq 0$ se obtienen una parábola y/o hipérbola (órbitas abiertas). De hecho, existe una relación de proporcionalidad inversa entre la energía y el semieje mayor, dada por

$$E = -\frac{GMm}{2a} \tag{3.13}$$

o equivalentemente,

$$\varepsilon = \varepsilon' = -\frac{G(M+m)}{2a} \tag{3.14}$$

2ª ley de Kepler. *El radiovector $\vec{r}$ que une un planeta con el Sol barre áreas iguales en tiempos iguales.*

Es decir, la *velocidad areolar*, que es el área barrida por el radiovector en la unidad de tiempo, es constante. Esto es debido a que la velocidad areolar es proporcional al momento angular orbital, que es una constante del movimiento.

3ª ley de Kepler. *El cociente entre el cubo del semieje mayor de la órbita de un planeta, a, y el cuadrado de su periodo orbital, T, es el mismo para todos los planetas.*

A partir de la segunda ley de Kepler, integrando el área que barre el radiovector en un periodo orbital completo, puede obtenerse:

$$T^2 = \frac{4\pi^2}{G(M+m)}a^3 \tag{3.15}$$

En realidad, como vemos, el cociente a^3/T^2 no es estrictamente constante para todos los planetas del Sistema Solar, pues depende de la masa m del planeta. Sin embargo, en el límite $m \ll M$, dicho cociente es idéntico para todos ($GM/4\pi^2$) como enuncia la 3ª ley.

La 3ª ley es esencial en la determinación de masas en Astronomía, ya que los periodos y tamaños de las órbitas son cantidades accesibles observacionalmente. Como ya hemos mencionado, en el caso de que un objeto sea mucho más masivo que el otro, $m \ll M$, ese cociente se simplifica a $GM/4\pi^2$. Además, si usamos unidades de masas solares para las masas, unidades astronómicas para los semiejes mayores, y años sidéreos[2] terrestres para los periodos, la ley adquiere una forma simplificada muy cómoda $a[\text{UA}]^3 = M[M_\odot]\, T[\text{año}]^2$ (ver problema 3.1).

2: Lo que solemos llamar 'año' es el año trópico, que corresponde a dos pasos consecutivos del Sol por el punto Aries. Debido al movimiento de precesión, el año trópico (365.2422 d) es 20 min más corto que el año sidéreo (365.2564 d), puesto que el movimiento de precesión desplaza el punto Aries.

Problema 3.1   *Tercera ley de Kepler*

Encontrar una expresión para la tercera ley de Kepler que sea válida cuando tenemos la masa en masas solares, el periodo en años y el semieje mayor de la órbita en unidades astronómicas.

Solución

Como hemos visto en la introducción de este capítulo, la tercera ley de Kepler establece la relación entre el periodo de la órbita, T, y el semieje mayor de la misma, a:

$$a^3 = \frac{GM'}{4\pi^2} T^2 \qquad (3.16)$$

donde M' es la masa total del sistema[3] y G la constante de gravitación universal.

Esta expresión nos permite, si conocemos a y T, calcular M'. Podemos usar esta expresión para sistemas planetarios, como el sistema Sol-Tierra, o para sistemas planeta-satélite. También la usaremos para sistemas binarios de estrellas (próximo capítulo). En el sistema Sol-Tierra, a es el semieje mayor de la órbita terrestre, es decir, $a_\oplus = 1$ UA, y $T_\oplus$ el periodo de la órbita (un año). Además, al ser $M_\oplus \ll M_\odot$, podemos aproximar $M' = M_\odot + M_\oplus \approx M_\odot$ Por tanto:

$$a_\oplus^3 \approx \frac{GM_\odot}{4\pi^2} T_\oplus^2 \qquad (3.17)$$

Si dividimos la ecuación 3.16 entre la 3.17 obtenemos:

$$\left(\frac{a}{1\,\text{UA}}\right)^3 = \frac{M'}{M_\odot} \left(\frac{T}{1\,\text{año}}\right)^2$$

o equivalentemente:

$$a[\text{UA}]^3 = M'[M_\odot]\, T[\text{años}]^2 \qquad (3.18)$$

Hay que ser cautelosos, pues esta relación sólo es válida cuando estas magnitudes están en las unidades especificadas.

3: Con la notación de la ecuación 3.15, $M' = M + m$. En el caso de sistemas estrella-planeta (y/o de sistemas planeta-satélite), en general la masa del planeta (o del satélite) m será despreciable frente a la de la estrella (o planeta) M, con lo que en estos casos $M' \approx M$.

Problema 3.2 *La ecuación de la órbita*

La ecuación diferencial de la órbita en el problema de los dos cuerpos es:

$$\frac{d^2}{d\phi^2}\left(\frac{1}{r}\right) + \frac{1}{r} - \frac{\mu K}{L^2} = 0$$

siendo μ la masa reducida del sistema, L es el módulo del momento angular orbital, y la constante K representa el producto GMm. Demostrar que la solución de dicha ecuación son las curvas cónicas. *Pista:* hacer el cambio de función $y = \frac{1}{r} - \frac{\mu K}{L^2}$ y aplicar la condición $r(\phi = \pi/2) = \alpha$.

Solución

Vemos que la ecuación diferencial corresponde a la de un oscilador armónico forzado, pero en la variable $1/r$ y como función de ϕ en lugar de t. Con el cambio de función sugerido, como $\frac{\mu K}{L^2}$ es una constante, tenemos que

$$\frac{d^2}{d\phi^2}\left(\frac{1}{r}\right) = \frac{d^2}{d\phi^2}\left(\frac{1}{r} - \frac{\mu K}{L^2}\right) = \frac{d^2 y}{d\phi^2}$$

Con lo cual la ecuación diferencial queda como sigue:

$$\frac{d^2 y}{d\phi^2} + y = 0$$

que es análoga $y'' + \omega^2 y = 0$, la ecuación del oscilador armónico para frecuencia angular $\omega = 1$[4], excepto que aquí la variable es ϕ en lugar del tiempo. La solución es por tanto:

$$y = C \cos\phi + D \operatorname{sen}\phi$$

que también podemos escribir como:

$$y = A \cos(\phi + \phi_0)$$

donde A y ϕ_0 son constantes a determinar. En primer lugar

4: Teniendo en cuenta correcciones de Relatividad General y la atracción gravitatoria de otros planetas, ω se desvía ligeramente de 1, impidiendo que la órbita se cierre sobre sí misma tras una vuelta. Este efecto se observó por primera vez en la precesión del perihelio de Mercurio, que la Relatividad General logró explicar satisfactoriamente.

vamos a deshacer el cambio y despejamos la variable radial:

$$\frac{1}{r} - \frac{\mu K}{L^2} = A\cos(\phi + \phi_0)$$

$$r = \frac{1}{\frac{\mu K}{L^2} + A\cos(\phi + \phi_0)} = \frac{\frac{L^2}{\mu K}}{1 + \tilde{A}\cos(\phi + \phi_0)}$$

siendo $\tilde{A} = A\frac{L^2}{\mu K}$. Vemos que la solución tiene ya la forma de la ecuación de una elipse. Tenemos la libertad de elegir el valor de ϕ_0, ya que representa simplemente la orientación del eje mayor de la elipse (y por tanto del periastro y apoastro) respecto a los ejes de coordenadas. Tomando $\phi_0 = 0$ el eje mayor coincide con el eje cartesiano horizontal en dos dimensiones.

Además, como nos recuerda el enunciado, el *semilatus rectum*, α, es el valor de la coordenada radial r en la posición perpendicular al semieje mayor ($\phi = \pi/2$), con lo que el denominador vale 1 (ya que $\cos(\pi/2) = 0$). De aquí se deduce que α está relacionado con el momento angular de la órbita según $\alpha = \frac{L^2}{\mu K}$, y con el momento angular por unidad de masa: $\alpha = \frac{\ell^2}{G(M+m)}$.

Es decir, hemos encontrado la solución de la ecuación diferencial de la órbita:

$$r(\phi) = \frac{\alpha}{1 + e\cos\phi}$$

que es la ecuación polar de las curvas cónicas, y donde podemos interpretar que la constante indeterminada $\tilde{A} \equiv e$ es la excentricidad de la órbita.

Problema 3.3 *La rotación de Venus*

Comparar el momento angular orbital de Venus con su momento angular de rotación (intrínseco). Suponer que la órbita es circular, es decir, que su excentricidad es cero. *Datos*: $r_{orb} = 0.723$ UA, $T_{orb} = 224.7$ días, $T_{rot} = 243$ días, $m = 4.8675 \cdot 10^{24}$ kg, y $R = 6052$ km. Recordar que el momento de inercia de una esfera de densidad uniforme respecto a un eje que pase por su centro es $I = (2/5)mR^2$.

Solución

El módulo del momento angular orbital de Venus en el sistema de referencia centrado en el Sol viene dado por $L_{orb} = mrv$, ya que en un movimiento circular el vector posición es perpendicular al vector velocidad. En un movimiento circular uniforme se tiene además que $v = \omega_{orb}r = (2\pi/T_{orb})r$, siendo r el radio de la órbita y T_{orb} el periodo orbital. Usando los datos del enunciado se obtiene que el momento angular orbital es

$$L_{orb} = mrv = \frac{2\pi m r^2}{T_{orb}} = 1.843 \cdot 10^{40} \ \mathrm{kg\,m^2\,s^{-1}}$$

Sin embargo, el momento angular intrínseco es $L_{rot} = I\omega_{rot}$, siendo I el momento de inercia del planeta. Suponiendo que la forma de Venus es perfectamente esférica y tiene una distribución uniforme de su masa, el momento de inercia es $I = (2/5)mR^2$, donde R es el radio del planeta. Notar que en este caso el periodo que hay que usar es el de rotación. Por tanto, el momento angular intrínseco es

$$L_{rot} = I\omega_{rot} = \frac{4\pi m R^2}{5T_{rot}} = 2.134 \cdot 10^{31} \ \mathrm{kg\,m^2\,s^{-1}}$$

que es insignificante comparado con el momento angular orbital. De hecho, al calcular el cociente de ambos momentos angulares, vemos que el factor dominante es el radio de la órbita comparado con el radio del planeta:

$$\frac{L_{orb}}{L_{rot}} = \frac{5}{2}\frac{T_{rot}}{T_{orb}}\left(\frac{r}{R}\right)^2 \gg 1$$

Esto se cumple para el resto de planetas del Sistema Solar, y justifica que su sentido de giro alrededor del Sol sea el mismo para todos ellos, indicando un origen común en la historia de formación del Sistema Solar (es decir, indicando el sentido de giro de la nube primigenia de gas que dió lugar al Sol y al resto del Sistema Solar). En cambio, el momento angular intrínseco es una pequeñísima corrección al momento angular orbital, y por tanto puede estar sujeta a modificación mediante procesos de interacción entre objetos del Sistema Solar, como colisiones con asteroides.

Ocurre que el sentido de giro de la mayoría de planetas del Sistema Solar coincide con el sentido de giro de su órbita (heredando por tanto parte de ese momento angular primigenio). Sin embargo, en el caso de Venus el sentido de giro del planeta alrededor de su eje es el opuesto al de su órbita, con una inclinación de su eje de 177.36°, lo que hace que los astros salgan por el oeste y se pongan por el este. Y en el de Urano ambos momentos angulares son casi perpendiculares, con su eje de giro casi contenido en su plano orbital (inclinación 97.77°). Esto hace que, en los puntos de su órbita donde dicho eje se alinea con la dirección hacia el Sol, la mitad del planeta está permanente iluminada mientras la otra mitad está permanentemente a oscuras (como ocurre en los círculos polares de nuestro planeta en los solsticios).

Problema 3.4 *Gran Conjunción*

¿Cada cuánto tiempo Júpiter y Saturno vuelven a estar muy próximos en el cielo? El semieje mayor de sus respectivas órbitas es de $a_J = 5.2$ UA y $a_S = 9.6$ UA.

Ayuda: Asumir que el radio de la órbita terrestre es despreciable frente a los de las órbitas de Júpiter y Saturno.

Solución

Júpiter y Saturno estarán muy cerca en el cielo para un observador desde la Tierra cuando se encuentren en conjunción (frecuentemente llamada *Gran Conjunción*), lo cual sucede cuando ambos planetas tienen una longitud eclíptica cercana. Ocurrirá cuando Saturno esté en oposición con Júpiter[5]. El tiempo que transcurre entre dos oposiciones consecutivas es, por definición, el periodo sinódico (T_{sin}), que depende de los periodos sidéreos de Júpiter (T_J) y Saturno (T_S).

$$\frac{1}{T_{sin}} = \frac{1}{T_J} - \frac{1}{T_s} \tag{3.19}$$

Podemos calcular T_J y T_S a partir de la tercera ley de Kepler, pues conocemos los semiejes de sus órbitas alrededor del Sol

5: Notar que la mayor cercanía de ambos planetas en el cielo y las mejores condiciones para observarlos ocurrirán cuando Júpiter esté lo más cerca posible de la oposición con la Tierra (además de estar Saturno en oposición con Júpiter).

$(a_J$ y $a_S)$. Usando la ecuación 3.18:

$$T_J = a_J^{3/2} = 11.9 \text{ años}$$

$$T_S = a_S^{3/2} = 29.7 \text{ años}$$

De donde utilizando la ecuación 3.19, encontramos:

$$T_{\sin} = \left(\frac{1}{T_J} - \frac{1}{T_s}\right)^{-1} = 19.9 \text{ años}$$

Por tanto, aproximadamente cada 20 años, tendremos una Gran Conjunción de Júpiter y Saturno en el cielo.

Problema 3.5 *Sistema Tierra-Luna*

Sabiendo que la órbita de la Luna tiene una excentricidad promedio $e = 0.0549$ (ver problema 2.6), y que el semieje mayor de la órbita es de $3.844 \cdot 10^5$ km, calcular la distancia Tierra-Luna en el apogeo y en el perigeo. ¿Qué cambio se produce en el tamaño angular de la Luna entre estas dos posiciones?

Solución

Podemos calcular la distancia Tierra-Luna en el apogeo (r_a) y en el perigeo (r_p) a partir del semieje mayor (a) y de la excentricidad (e) de la órbita lunar:

$$r_a = a(1 + e) = 4.055 \cdot 10^5 \text{ km}$$

$$r_p = a(1 - e) = 3.633 \cdot 10^5 \text{ km}$$

donde observamos que hay un cambio en distancia de unos 42000 km entre apogeo y perigeo. Este cambio, produce una variación en el tamaño angular (θ_L) que presenta la Luna, que viene dado por la razón entre el diámetro de la Luna $(D_L = 3474.8$ km$)$ y la distancia (r) de la misma a la Tierra:

$$\theta_L[\text{rad}] = \frac{D_L}{r} \tag{3.20}$$

Al cambiar r entre el valor correspondiente al apogeo y al perigeo, el tamaño angular o aparente de la Luna cambia en un factor:

$$\frac{\theta_{L,p}}{\theta_{L,a}} = \frac{D_L/r_p}{D_L/r_a} = \frac{r_a}{r_p} = 1.116$$

Es decir, la Luna tiene un tamaño aparente un 12 % mayor en el perigeo que en el apogeo. Usando la ecuación 3.20 podemos calcular que el tamaño aparente es de 32.9′ y 29.5′ en el perigeo y en el apogeo, respectivamente[6].

Problema 3.6 *Don't look up!*

Usando el telescopio Subaru, una estudiante de doctorado en Astrofísica descubre un asteroide de masa m potencialmente peligroso. Ella determina que el asteroide orbita alrededor del Sol con un semieje mayor a de 1.15 UA y que su excentricidad es mayor que 0.15, con lo cual su órbita cruza la órbita terrestre.

a) Usando que la energía por unidad de masa reducida viene dada por $\varepsilon = -G(M + m)/2a$ (ecuación 3.14), despejar la velocidad como función de la distancia asteroide-Sol (por simplicidad, no considerar el campo gravitatorio terrestre).

b) Suponiendo que el asteroide es aproximadamente esférico con un diámetro $D = 2$ km, y que su densidad es 2 g cm^{-3}= 2000 kg m^{-3}, calcular la energía cinética en el impacto con la Tierra, expresada en megatones[7].

Solución

a) Como la energía por unidad de masa reducida es $\varepsilon = \frac{1}{2}v^2 - G(M + m)/r$, si igualamos a $\varepsilon = -G(M + m)/2a$, se obtiene para la velocidad v la expresión:

$$v(r) = \sqrt{G(M_\odot + m)\left(\frac{2}{r} - \frac{1}{a}\right)} \tag{3.21}$$

b) Con los datos del enunciado calculamos la masa del asteroide:

$$m = \rho V = \rho \frac{4}{3}\pi \left(\frac{D}{2}\right)^3 = 8.38 \cdot 10^{12}\,\text{kg}$$

que, a pesar de ser miles de millones de toneladas, en comparación con la masa del Sol ($1.988 \cdot 10^{30}$ kg) es despreciable: $M_\odot + m \simeq M_\odot$. Por otro lado, la velocidad en el momento del impacto con la Tierra (donde se cumplirá que $r = 1$ UA) será:

$$v(r = 1\,\text{UA}) = \sqrt{G(M_\odot + m)\left(\frac{2}{1\,\text{UA}} - \frac{1}{a}\right)} = 31.6\,\text{km s}^{-1}$$

con lo que la energía cinética en el momento de la colisión es $\frac{1}{2}mv^2 = 4.18 \cdot 10^{21}\,\text{J} = 10^6\,\text{Mt}$.

Es decir, el impacto liberaría una energía equivalente a un millón de bombas termonucleares, provocando la destrucción de la vida terrestre como la conocemos. En la escala de Turín, que mide la peligrosidad de objetos que pueden impactar con la Tierra, este asteroide sería etiquetado con un 10 si la probabilidad[8] de impacto fuera del 100 %.

8: Por suerte no se conocen asteroides que tengan un valor distinto de cero en esta escala. El asteroide (99942) Apophis, de 370 metros de diámetro, llegó a estar catalogado como escala 4 pero posteriores observaciones redujeron la probabilidad de impacto de manera que actualmente es de escala cero. Lo mismo ocurrió con el asteroide 2024 YR4.

Problema 3.7   *Un coche espacial*

Cierto empresario puso en órbita un coche alrededor del Sol el 6 de febrero de 2018 de forma que el perihelio de la órbita fuese aproximadamente la distancia Tierra-Sol, y la excentricidad de la órbita fuese 0.25. Calcular:

a) El semieje mayor de la órbita y el afelio de la órbita, y compararla con la distancia Sol-Marte (cuyo afelio es 1.666 UA).

b) El periodo de la órbita.

c) Usando la expresión $E = -GMm/2a$, despejar la velocidad como función de la distancia vehículo-Sol.

d) Usando la expresión obtenida en el apartado anterior, calcular el cociente de velocidades entre perihelio y afelio.

Nota: por simplicidad, despreciar el campo gravitatorio terrestre (en realidad habría que tenerlo en cuenta).

Solución

a) Usando la ecuación de la órbita (ecuación 3.12), y aplicando que $r_p = r(\phi = 0)$, se obtiene que $r_p = a(1 - e)$, con lo que el semieje mayor es $a = r_p/(1 - e)$. Sustituyendo los valores $r_p = 1$ UA y $e = 0.25$, se obtiene $a = 1.333$ UA.

Por otro lado, el afelio de la órbita es $r_a = r(\phi = \pi) = a(1 + e)$, que son 1.666 UA. Así que la órbita está diseñada para alcanzar la órbita de Marte.

b) Una vez obtenido el semieje mayor, ya se puede aplicar la tercera ley de Kepler para calcular el periodo. Despreciando la masa del coche frente a la masa del Sol (nos dice el enunciado que no consideremos el campo gravitatorio terrestre, con lo que los dos cuerpos en interacción son el sistema coche-Sol), y usando la expresión obtenida en el problema 3.1, $a[\text{UA}]^3 = M'[M_\odot] T[\text{años}]^2$, se obtiene que $T = (a/1\text{UA})^{3/2}$ años, es decir, 1.54 años.

c) La conservación de la energía en el problema de los dos cuerpos nos dice que $E = \frac{1}{2}\mu v^2 - \frac{GMm}{r}$ siendo $\mu = Mm/(M+m)$ la masa reducida del sistema, v la velocidad relativa de un cuerpo respecto al otro, y r la distancia relativa entre los dos cuerpos. Despejando, y teniendo en cuenta que $\mu \simeq m$ (la masa del coche m es mucho menor que la masa del Sol $M \equiv M_\odot$, es decir $m \ll M_\odot$) se obtiene:

$$v = \sqrt{GM_\odot \left(\frac{2}{r} - \frac{1}{a}\right)} \qquad (3.22)$$

d) Sustituyendo las expresiones $r_p = r(\phi = 0) = a(1 - e)$ y $r_a = r(\phi = \pi) = a(1 + e)$, se obtiene que la velocidad en el perihelio (que por conservación del momento angular y de la energía, será la velocidad máxima):

$$v(r = r_p) = \sqrt{\frac{GM_\odot}{a} \frac{1 + e}{1 - e}}$$

y por otro lado, la velocidad en el afelio (que será la velocidad mínima):

$$v(r = r_a) = \sqrt{\frac{GM_\odot}{a} \frac{1 - e}{1 + e}}$$

El cociente entre ambas es por tanto:

$$\frac{v(r = r_p)}{v(r = r_a)} = \frac{1 + e}{1 - e}$$

Sustituyendo el valor de la excentricidad, se obtiene que la velocidad en el perihelio es 1.666 veces la velocidad en el afelio. Comparando con el apartado a) vemos que esto no es simple coincidencia numérica, ya que se cumple la siguiente relación entre las distancias y velocidades en el perihelio y en el afelio:

$$\frac{r_a}{r_p} = \frac{v(r = r_p)}{v(r = r_a)} = \frac{1 + e}{1 - e}$$

Este hecho es debido a la conservación del momento angular. En el afelio y el perihelio el vector posición es perpendicular al vector velocidad, con lo que la conservación del vector momento angular por unidad de masa $\vec{\ell} = \vec{r} \times \vec{v}$ implica que $r_a v(r = r_a) = r_p v(r = r_p)$.

Problema 3.8 *La sonda DART*

El pasado 26 de septiembre de 2022, la sonda DART de la NASA impactó sobre el asteroide Dimorphos, que a su vez orbita otro asteroide llamado Didymos. Los asteroides Dimorphos y Didymos, cuyas masas son $5.0 \cdot 10^9$ kg y $5.2 \cdot 10^{11}$ kg respectivamente, forman un sistema binario.

a) Sabiendo que el periodo orbital es de $11^h 55^m$, calcular el semieje mayor del sistema.

b) Tras el impacto con la sonda DART de la NASA sobre Dimorphos, el periodo del sistema se ha reducido en 32 minutos. Calcular la energía transferida en el impacto en megajulios.

c) Usando $E = -GMm/2a$ y la 3ª ley de Kepler, obtener una expresión teórica del periodo en función de la energía, cuando una masa es despreciable frente a la otra. Calcular cuánto se ha reducido el periodo de la órbita si inicialmente era de $11^h 55^m$ y la energía de la órbita ha disminuido en 2.3 MJ.

Solución

a) Usando la tercera ley de Kepler, sabemos que el semieje mayor (al cubo) está relacionado con el periodo de la órbita (al cuadrado), y para conocer la constante de proporcionalidad necesitamos conocer la suma de las dos masas del sistema. Es decir:

$$\frac{a^3}{T^2} = \frac{G(M+m)}{4\pi^2} \implies a = \sqrt[3]{\frac{G(M+m)}{4\pi^2}T^2} \qquad (3.23)$$

Sustituyendo los datos del enunciado (lo mejor es usar el sistema internacional, obteniendo que el periodo es $T = 42900$ s) el resultado es $a = 1177.7$ m, con lo que el semieje mayor es de apenas un kilómetro.

b) Usando la expresión $E = -GMm/2a$, que da cuenta de la energía total de la órbita a partir del semieje mayor, obtenemos que con el periodo inicial de 11^h55^m la energía es de $-7.367\cdot10^7$ J, y al reducirse el periodo a 11^h23^m el semieje mayor es 1142.3 m y la energía es de $-7.595\cdot10^7$ J. Esto hace que, en valor absoluto, la energía transferida sea de aproximadamente $2.3 \cdot 10^6$ J$= 2.3$ MJ.

c) Podemos combinar la expresión $E = -GMm/2a$ con la tercera ley de Kepler, para así eliminar el semieje mayor y obtener directamente una relación entre periodo y energía, que podíamos haber usado en el apartado anterior. Sustituyendo la expresión obtenida para el semieje mayor (ecuación 3.23), y haciendo la aproximación $m \ll M$ que nos pide el enunciado:

$$E = -\frac{GMm}{2}\sqrt[3]{\frac{4\pi^2}{G(M+m)T^2}} \simeq -\sqrt[3]{\frac{\pi^2G^2M^2m^3}{2T^2}}$$

de donde se deduce

$$T = \frac{\pi GMm^{3/2}}{\sqrt{2}\,|E|^{3/2}}$$

Con esto obtenemos directamente que la energía inicial de la órbita es de -73.9 MJ antes del impacto, y con la reducción de 2.3 MJ, la energía final es de -76.2 MJ[9]. Usando la expresión obtenida para el periodo podemos calcular su valor tras el impacto, que es de 40978 s, es decir, 11^h23^m. Por tanto, la

9: En este apartado hemos obtenido valores ligeramente distintos a los obtenidos en el apartado b) debido a la aproximación realizada ($m \ll M$).

reducción en el periodo fue de 32 minutos, de acuerdo con el apartado anterior.

Problema 3.9 *La órbita de Mercurio*

El semieje mayor de la órbita de Mercurio es de 0.387 UA.

a) Con ayuda de la tercera ley de Kepler, obtener el periodo orbital de Mercurio alrededor del Sol.

b) Calcular las distancias al perihelio y al afelio de Mercurio desde el Sol sabiendo que su excentricidad es de 0.2056.

c) Sabiendo que el día sidéreo de Mercurio dura 58.65 días (terrestres), demostrar que en el movimiento orbital de Mercurio alrededor del Sol se produce el fenómeno del *día solar infinito*: visto desde la superficie de Mercurio, hay un instante en el que el Sol parece quedarse quieto en el cielo y empieza su movimiento retrógrado.

Solución

a) Usando la expresión obtenida en el problema 3.1, y aproximando $M' \approx M_\odot$ (la masa de Mercurio se puede despreciar frente a la del Sol, que acumula el 99.86 % de la masa del Sistema Solar), se obtiene un periodo orbital T_{orb}:

$$T_{\mathrm{orb}}[\text{años}] = (a[\text{UA}]^3)^{1/2} = (0.387)^{3/2} = 0.24$$

es decir, 0.24 años o unos 88 días.

b) Las expresiones para la distancia al perihelio (r_p) y al afelio (r_a) en función del semieje mayor y de la excentricidad de la órbita son:

$$r_p = a(1 - e)$$
$$r_a = a(1 + e)$$

Sustituyendo los valores, se obtiene $r_p = 0.307$ UA, y $r_a = 0.467$ UA.

c) Sea ω_* la velocidad angular de rotación de Mercurio, que es constante, y ω_{orb} su velocidad angular de traslación, que depende del punto de la órbita en que se encuentre el planeta al ser la órbita elíptica. En la figura 3.2 puede verse cómo el día sidéreo (o tiempo que transcurre entre dos culminaciones consecutivas de las estrellas para un supuesto observador que estuviese en Mercurio, que sólo depende de ω_*), es menor que el día solar, o tiempo entre dos culminaciones consecutivas del Sol. Esto es debido a que Mercurio se traslada con velocidad ω_{orb} en el mismo sentido de giro con el que rota sobre su eje.

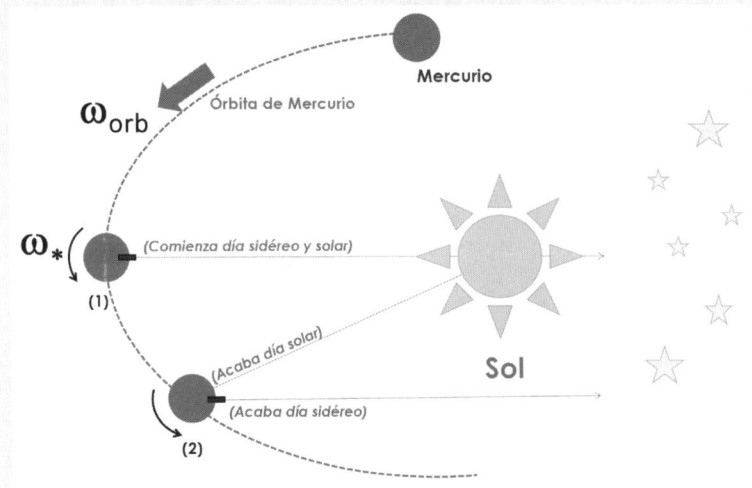

Figura 3.2: Ilustración de la diferencia entre la duración del día sidéreo y solar para un planeta con rotación prógrada como Mercurio.

La velocidad angular aparente del Sol ($\omega_\odot$) para un observador en Mercurio, puede obtenerse a partir de la composición de velocidades angulares:

$$\omega_\odot = \omega_* - \omega_{\mathrm{orb}}$$

Es evidente que si el movimiento orbital del planeta fuese muy lento, el movimiento aparente del Sol visto desde el planeta tendría la misma velocidad que el movimiento de rotación (o equivalentemente, día sidéreo y día solar serían iguales o muy parecidos). Pero si no es despreciable, y los movimientos de rotación y de traslación son en el mismo sentido (ambas velocidades angulares tienen el mismo signo), entonces el movimiento orbital atrasa el siguiente paso por el Meridiano del Sol. En ese caso se alarga el día solar ($\omega_\odot$ disminuye), pudiendo incluso ser infinito ($\omega_\odot = 0$), o retrógrado ($\omega_\odot < 0$).

En el instante en el que el Sol parece no moverse en el cielo se cumplirá que $\omega_* = \omega_{\text{orb}}$. Vamos a calcular ω_* y los valores extremos de la velocidad angular orbital (que sabemos que se dan en el perihelio y en el afelio) para ver si en algún momento de la órbita se puede cumplir que $\omega_{\text{orb}} = \omega_*$.

Usando el valor del día sidéreo dado por el enunciado,

$$\omega_* = \frac{2\pi}{T_*} = 1.24 \cdot 10^{-6} \,\text{rad s}^{-1}$$

Para los valores extremos de ω_{orb}, usaremos la expresión para la velocidad orbital de la ecuación 3.22 en el perihelio y el afelio (donde la velocidad solo tiene componente tangencial):

$$\omega_{\text{orb}}(r = r_p) = \frac{v(r_p)}{r_p} = \frac{\sqrt{GM_\odot\left(\frac{2}{a(1-e)} - \frac{1}{a}\right)}}{a(1-e)}$$

$$= \sqrt{\frac{GM_\odot}{a^3}\frac{1+e}{(1-e)^3}} = 1.28 \cdot 10^{-6} \,\text{rad s}^{-1}$$

que corresponde a un periodo de 56.7 días, y:

$$\omega_{\text{orb}}(r = r_a) = \frac{v(r_a)}{r_a} = \frac{\sqrt{GM_\odot\left(\frac{2}{a(1+e)} - \frac{1}{a}\right)}}{a(1+e)}$$

$$= \sqrt{\frac{GM_\odot}{a^3}\frac{1-e}{(1+e)^3}} = 0.56 \cdot 10^{-6} \,\text{rad s}^{-1}$$

que corresponde a un periodo de 130.6 días. Como vemos, la duración del día sidéreo está incluida (por poco) dentro de este intervalo, cumpliéndose que $\omega_{\text{orb}} = \omega_*$ cerca del perihelio.

Es decir, cuando Mercurio está a la distancia en la que las velocidades angulares se igualan (es decir, cerca del perihelio), el día solar se hará muy largo, puesto que cuando el Sol se va a poner se detendrá (unos cuatro días antes del perihelio) y empezará a avanzar en sentido contrario (cambio aparente de sentido, o movimiento retrógrado) para intentar ponerse por donde salió, pero luego vuelve a avanzar en su sentido normal (unos cuatro días después del perihelio). Éste es un problema que se ilustra muy bien usando programas como *Stellarium*.

Problema 3.10   *El punto de Lagrange L2*

Los puntos de Lagrange son puntos de equilibrio para un objeto de masa despreciable bajo la influencia gravitatoria de otros dos cuerpos, de forma que la fuerza gravitatoria de éstos iguala la fuerza centrífuga del cuerpo en su órbita. Existen 5 puntos de Lagrange. Si nos centramos en el sistema Tierra-Sol, estos puntos están distribuidos como se ilustra en la figura 3.3: tres están a lo largo de la línea Sol-Tierra (L1, L2 y L3)[10], y otros dos a unos 60° por delante o detrás de la Tierra (L4 y L5). Calcular la distancia a la Tierra del punto de Lagrange L2 Tierra-Sol.

10: El punto L2 es donde se encuentran los satélites de la Agencia Espacial Europea Planck, Gaia y Euclid, además del telescopio espacial James Webb (JWST) de la NASA/ESA/CSA, entre otros. Ello es debido a que allí tienen una rotación alrededor del Sol síncrona con la Tierra, mientras que se hallan protegidos de la radiación solar y de la radiación térmica terrestre.

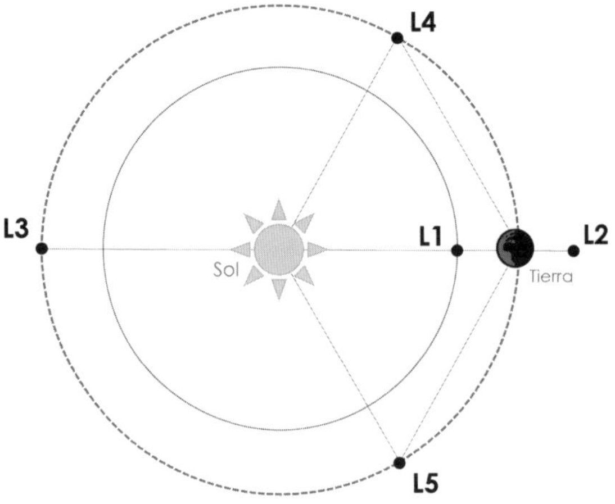

Figura 3.3: Localización de los puntos de Lagrange L1, L2, L3, L4 y L5 en el sistema Tierra-Sol. *Nota:* Las distancias de L1 y L2 a la Tierra son de sólo un 1 % de la distancia Tierra-Sol (0.01 UA). Han sido exageradas en el esquema para facilitar la visualización.

Solución

Como hemos dicho, la condición que cumple dicho punto es que la suma de las atracciones gravitatorias de la Tierra y el Sol (que actúan en el mismo sentido) son iguales a la fuerza centrípeta. Una masa prueba m allí situada describirá una órbita circular cuyo periodo orbital iguala al de la Tierra alrededor del Sol (de esta manera, la masa prueba siempre estará a la misma distancia de la Tierra, acompañándola en su órbita). Matemáticamente, la condición que ha de cumplir es que la distancia d desde la Tierra a la que hay que colocar la masa prueba es solución de esta ecuación[11]:

$$\frac{GM_\odot m}{(d_{TS} + d)^2} + \frac{GM_\oplus m}{d^2} = m\omega_{\text{rot}}^2(d_{TS} + d) \qquad (3.24)$$

siendo $d_{TS} = 1$ UA y $\omega_{\text{rot}} = 2\pi/T_{\text{rot}}$, con $T_{\text{rot}} = 1$ año ($M_\odot$ es la masa del Sol y $M_\oplus$ es la masa de la Tierra). Eliminando denominadores, podemos obtener una ecuación polinómica para d que podemos resolver. Pero también podemos obtener una solución aproximada suponiendo que la solución cumplirá la aproximación $d \ll d_{TS}$ (que comprobaremos *a posteriori*). En ese caso, podemos escribir (a primer orden en d/d_{TS}):

$$\frac{1}{(d_{TS} + d)^2} = \frac{1}{d_{TS}^2(1 + d/d_{TS})^2} \simeq \frac{1}{d_{TS}^2(1 + 2d/d_{TS})}$$

$$\simeq \frac{1}{d_{TS}^2}\left(1 - 2\frac{d}{d_{TS}}\right)$$

Con lo cual, aplicando esta aproximación y simplificando m en todos los términos, la ecuación 3.24 queda como sigue:

$$\frac{GM_\odot}{d_{TS}^2} - 2d\frac{GM_\odot}{d_{TS}^3} + \frac{GM_\oplus}{d^2} = \omega_{\text{rot}}^2 d_{TS} + \omega_{\text{rot}}^2 d$$

Ahora bien, la igualdad entre fuerza gravitatoria y fuerza centrípeta aplicada al sistema Tierra-Sol nos dice que $GM_\odot/d_{TS}^2 = \omega_{\text{rot}}^2 d_{TS}$ (tras simplificar la masa de la Tierra), con lo que en la ecuación anterior ambos términos se cancelan. Multiplicando los términos restantes por d^2 para quitar denominadores, obtenemos:

$$-2d^3\frac{GM_\odot}{d_{TS}^3} + GM_\oplus = \omega_{\text{rot}}^2 d^3$$

Aplicamos de nuevo $GM_\odot/d_{TS}^2 = \omega_{\text{rot}}^2 d_{TS}$ para juntar los dos términos en d^3:

$$GM_\oplus = 3\frac{GM_\odot}{d_{TS}^3}d^3$$

11: En realidad, si las masas son arbitrarias, el lado derecho de la ecuación es algo más complicado. Pero dado que $M_\oplus \ll M_\odot$, la ecuación es válida en este caso.

obteniendo finalmente:

$$d = d_{TS} \sqrt[3]{\frac{M_{\oplus}}{3M_{\odot}}}$$

que se conoce como *radio de la esfera de Hill*, y sustituyendo los valores de las masas, el resultado es $d \simeq 0.01 d_{TS} = 0.01$ UA. Vemos que se cumple la hipótesis que habíamos supuesto ($d \ll d_{TS}$). Como 1 UA son aproximadamente 150 millones de kilómetros, el punto de Lagrange L2 estará al 1 % de esta distancia medida desde la Tierra, es decir a 1.5 millones de kilómetros de la Tierra.

Problema 3.11   *La Estación Espacial Internacional*

La Estación Espacial Internacional (ISS) se encuentra a unos 400 km de altura en una órbita circular. El lanzamiento de una nave con el siguiente relevo de astronautas se ha diseñado de forma que siga una órbita elíptica, y que alcance a la ISS en el punto de dicha órbita con mayor distancia a la Tierra (apogeo, r_a). A esa distancia, la nave y la estación han de viajar a la misma velocidad para evitar cualquier riesgo de colisión. Calcular la velocidad que debe tener la nave cuando alcanza su órbita, en el punto más cercano a la Tierra (perigeo, r_p), a unos 200 km de altura sobre la superficie[12].

12: Como curiosidad, mencionar que esto ocurre tras los primeros minutos del lanzamiento.

Solución

El enunciado da los datos de altura mínima y máxima de la órbita desde la superficie, pero el radiovector que se define en el problema de los dos cuerpos une los centros de masas de cada uno de los cuerpos, y no las superficies de ambos. Por tanto, debemos sumar a dichas alturas el valor del radio de la Tierra (6370 km). Esto nos dice que $r_p = 6570$ km y que $r_a = 6770$ km. También sabemos que a esta distancia máxima, la velocidad se iguala a la de la ISS. Como ésta sigue una órbita circular, se puede calcular la velocidad fácilmente igualando la fuerza gravitatoria de atracción hacia la Tierra con la fuerza centrípeta, con lo que

$$v(r_a) = \sqrt{\frac{GM_{\oplus}}{r_a}}$$

siendo $M_\oplus = 5.97 \cdot 10^{24}$ kg la masa de la Tierra. Sustituyendo dicho valor, obtenemos

$$v(r_a) = 7670 \text{ m s}^{-1}$$

(aproximadamente 27600 km h^{-1}), lo que hace que la ISS complete una vuelta a la Tierra cada 90 minutos.

Con estos datos ya podemos resolver el problema. La forma más lenta sería utilizando la expresión de la velocidad orbital dada por la ecuación 3.21 y particularizarla para $r_p = a(1 - e)$ y $r_a = a(1 + e)$, obteniendo la relación

$$\frac{v(r_p)}{v(r_a)} = \frac{(1 + e)}{(1 - e)}$$

que coincide con lo que se obtiene a partir del cociente r_a/r_p.

Pero todo esto no es necesario (y tampoco lo es calcular la excentricidad de la órbita), ya que basta con aplicar la conservación del momento angular por unidad de masa $\vec{\ell} = \vec{r} \times \vec{v}$. En los puntos de mínima y máxima distancia de la órbita se cumple que el vector velocidad es perpendicular al vector posición, con lo cual:

$$r_p\, v(r_p) \operatorname{sen} 90^\circ = r_a\, v(r_a) \operatorname{sen} 90^\circ$$

de donde podemos despejar $v(r_p)$. Sustituyendo los valores, se obtiene:

$$v(r_p) = v(r_a)\frac{r_a}{r_p} = 7900 \text{ m s}^{-1}$$

es decir, al alcanzar su órbita, la nave tiene una velocidad de unos 28450 km h^{-1} en el perigeo.

Problema 3.12   *Los planetas interiores*

Para un planeta interior, calcular:

a) Los valores máximo y mínimo de su elongación máxima E en función de la excentricidad (e) y del semieje mayor de su órbita (a). Aplicar el resultado a los planetas Venus ($a_V = 0.723$ UA, $e_V = 0.007$) y Mercurio ($a_M = 0.387$ UA, $e_M = 0.206$).

b) La velocidad orbital en el momento de esas elongaciones máximas. Aplicar estas ecuaciones para determinar la razón de las velocidades de Venus y Mercurio en sus perihelios y afelios.

Solución

a) La elongación máxima (distancia angular máxima entre un planeta interno y el Sol para un observador en la Tierra) tiene lugar cuando la línea de visión al planeta es tangente a su órbita, de modo que en ese punto, dicha línea de visión forma un ángulo recto con la línea que une al planeta con el Sol (ver figura 3.4).

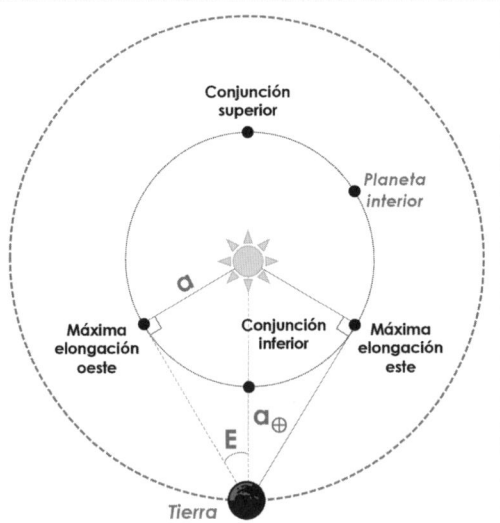

Figura 3.4: Visto desde la Tierra, un planeta interior alcanza la máxima separación angular del Sol en las posiciones denominadas de máxima elongación hacia el este y hacia el oeste.

Si el planeta interior tuviese una órbita circular, la elongación máxima tendría un valor fijo, que sólo depende del semieje mayor de su órbita a (y de la distancia Tierra-Sol $a_\oplus$):

$$\text{sen } E = \frac{a}{a_\oplus} = a \, [\text{UA}]$$

Sin embargo, si la órbita es elíptica el valor de la elongación máxima dependerá de la orientación de la órbita del planeta interior con respecto a la Tierra, de modo que podrá oscilar entre dos valores extremos: un valor máximo cuando la elongación máxima coincide con el paso del planeta por el afelio, y uno mínimo cuando coincide con su paso por el perihelio. Sabemos que las distancias al afelio y perihelio de un planeta son, respectivamente: $r_a = a(1 + e)$ y $r_p = a(1 - e)$. Teniendo en cuenta lo anterior, y que para la Tierra $a_\oplus = 1$ UA podemos escribir:

$$\text{sen}(E_{max}) = a(1 + e)$$

y, análogamente:

$$\text{sen}(E_{min}) = a(1 - e)$$

donde se ha usado $a_\oplus = 1$, de forma que a se escribe en UA.

Aplicando estas ecuaciones a los planetas Venus y Mercurio obtenemos:

$$E^V_{max} = 46.72°$$
$$E^V_{min} = 45.88°$$
$$E^M_{min} = 27.82°$$
$$E^M_{min} = 17.90°$$

b) La respuesta a la segunda cuestión es también sencilla teniendo en cuenta que, en el afelio y perihelio, la velocidad del planeta es perpendicular a su radio vector. Por tanto, la conservación del momento angular nos dice que:

$$r_a \cdot v_a = r_p \cdot v_p$$
$$(1 + e) \cdot v_a = (1 - e) \cdot v_p \tag{3.25}$$

Por otro lado, la conservación de energía implica que:

$$\frac{v_a^2}{2} - \frac{GM_\odot}{r_a} = \frac{v_p^2}{2} - \frac{GM_\odot}{r_p}$$
$$\frac{v_a^2}{2} - \frac{GM_\odot}{a(1 + e)} = \frac{v_p^2}{2} - \frac{GM_\odot}{a(1 - e)}$$

Sustituyendo en esta ecuación v_a de la ecuación 3.25, y tras algunas manipulaciones algebraicas, podemos resolver para v_p como:

$$v_p = \sqrt{\frac{GM_\odot}{a}\frac{1+e}{1-e}}$$

y, análogamente, si sustituimos v_p y despejamos v_a tendremos:

$$v_a = \sqrt{\frac{GM_\odot}{a}\frac{1-e}{1+e}}$$

Teniendo esto en cuenta, la razón entre las velocidades alcanzadas en el perihelio de Venus y Mercurio será:

$$\frac{v_p^M}{v_p^V} = \sqrt{\frac{a_V(1-e_V)(1+e_M)}{a_M(1+e_V)(1-e_M)}} = 1.67$$

Y, análogamente, en sus afelios:

$$\frac{v_a^M}{v_a^V} = \sqrt{\frac{a_V(1+e_V)(1-e_M)}{a_M(1-e_V)(1+e_M)}} = 1.12$$

Problema 3.13   *Periodo sidéreo y sinódico*

La mayor luna de Neptuno, Tritón, tiene una órbita retrógrada (orbita Neptuno en sentido contrario a la rotación y traslación del planeta). Para un supuesto observador en Neptuno, ¿qué periodo del satélite será más largo, el sinódico o el sidéreo?

Solución

Para responder a esta pregunta, podemos hacer uso de la figura 3.5. Ilustra la situación planteada en este problema, en la que un satélite orbita en torno a su planeta con órbita retrógrada. En la posición etiquetada con (1) en dicha figura, Sol, Tritón y Neptuno estarían alineados, con lo cual, para un hipotético observador situado en Neptuno, en ese instante Tritón aparecería en el cielo con fase de 'luna nueva'. Tomemos esa posición e instante como referencia del comienzo del mes sinódico (o tiempo transcurrido entre dos fases de luna nueva consecutivas) y del mes sidéreo (el necesario para repetir posición con respecto a las estrellas).

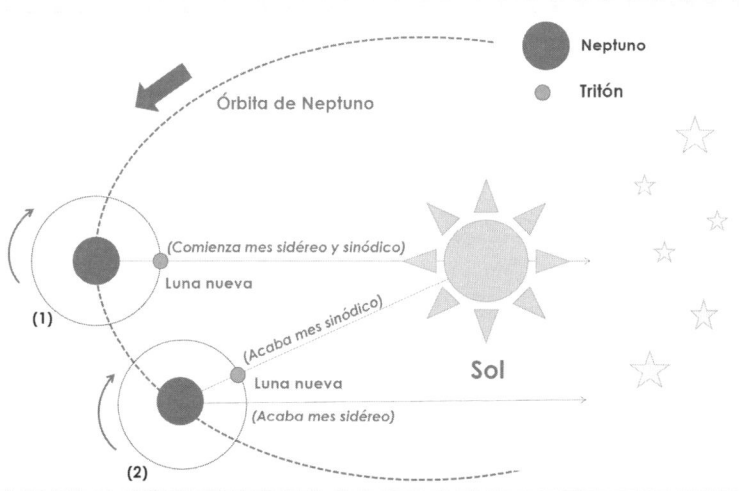

Figura 3.5: Ilustración de la duración de los meses sinódico y sidéreo para un satélite con órbita retrógrada con respecto a la traslación de su planeta.

Si dejamos transcurrir el tiempo, tanto Neptuno como Tritón avanzarán en sus respectivas órbitas y, tras un cierto tiempo T_{sin}, tendremos una situación parecida a la (2): volveremos a tener alineados a Sol, Tritón y planeta. En ese momento ha finalizado el mes sinódico. Sin embargo, habrá que esperar un poco más de tiempo, para que Tritón avance en su órbita hasta que repita posición con respecto a las estrellas. En ese momento habrá finalizado el mes sidéreo que comenzó en (1).

Por tanto, en el caso de un satélite que orbita en torno a su planeta en sentido retrógrado, el periodo o mes sidéreo es más largo que el sinódico (al contrario de lo que ocurre con el sistema Tierra-Luna). La diferencia entre la duración de ambos meses será tanto mayor cuanto mayor sea la razón entre la velocidad angular del planeta en su movimiento orbital alrededor del Sol y la de su satélite en torno al planeta.

Problema 3.14   *Exoplaneta Próxima b*

Próxima b es el exoplaneta más cercano al Sol. La órbita alrededor de su estrella, Próxima Centauri, tiene un semieje mayor de 0.05 UA. La masa y luminosidad bolométrica de Próxima Centauri son 0.123 $M_\odot$ y 0.0017 $L_\odot$.

a) Calcular el periodo orbital del planeta.
b) Hacer una estimación de la temperatura del planeta. Considerar un albedo A = 0.28.

Solución

a) Podemos usar la tercera ley de Kepler para calcular el periodo orbital (T) del planeta, a partir del semieje mayor de su órbita alrededor de la estrella ($a = 0.05$ UA) y de la masa de la estrella ($M_\star = 0.123\ M_\odot$), donde supondremos que la masa de Próxima b M_p es despreciable con respecto a la de la estrella ($M_p \ll M_\star$):

$$T^2 = \frac{4\pi^2}{G(M_\star + M_p)}a^3 \approx \frac{4\pi^2}{GM_\star}a^3$$

Sustituyendo en esta ecuación, o bien usando la ecuación 3.18:

$$T = 0.0318 \text{ años} = 11.6 \text{ días}$$

b) Para estimar la temperatura del planeta (T_p) suponemos que se encuentra en equilibrio térmico. En estas condiciones, la energía por unidad de tiempo que absorbe el planeta debido a la radiación recibida de la estrella (L_{abs}), es igual a la energía térmica que el planeta emite por unidad de tiempo (L_{em}).

- L_{abs} es una fracción $(1 - A)$ de la radiación por unidad de tiempo que recibe de la estrella la superficie del planeta (siendo A el albedo del planeta). Si suponemos órbita circular de radio igual a a, el planeta recibe un flujo $L_\star/(4\pi a^2)$ de la estrella, de donde:

$$L_{abs} = (1 - A)\frac{L_\star}{4\pi a^2}\pi R_p^2 \tag{3.26}$$

donde R_p es el radio del planeta.
- L_{em} vendrá dada por el flujo en la superficie del planeta

(ley de Stefan-Boltzmann, σT_p^4) multiplicado por la superficie emisora. Si el planeta tiene rotación rápida (es el caso de Júpiter o Saturno en nuestro Sistema Solar), toda la superficie del planeta emite radiación térmica ($4\pi R_p^2$), mientras que dicha radiación se emitiría principalmente desde un hemisferio del planeta si éste rota lentamente ($2\pi R_p^2$). No disponemos de información del periodo de rotación del planeta. Si suponemos rotación rápida:

$$L_{em} = 4\pi R_p^2 \sigma T_p^4 \tag{3.27}$$

Igualando las ecuaciones 3.26 y 3.27 y despejando T_p, obtenemos:

$$T_p = \left[\frac{(1-A)L_\star}{16\pi\sigma a^2} \right]^{1/4} = 234\,\text{K}$$

En el caso de rotación lenta, $T_p \approx 278$ K.

Notar que tanto la luminosidad térmica emitida por el planeta como la absorbida por el mismo (que a su vez es una fracción de la que recibe de la estrella) dependen del radio de planeta R_p. Sin embargo, T_p es independiente del tamaño del planeta, y sólo depende del albedo, de la luminosidad de la estrella, y de la distancia a la que se encuentra de la misma.

Problema 3.15   *El planeta Venus*

Venus orbita a una distancia $r_V = 0.7233$ UA del Sol, tiene un radio $R_V = 6.053 \cdot 10^6$ m y un albedo $A = 0.75$. Supongamos que su órbita y la de la Tierra son circulares.

a) Sabiendo que la magnitud aparente del Sol desde la Tierra es -26.74, hacer una estimación de la magnitud aparente de Venus para un observador en la Tierra cuando Venus está en conjunción superior.

b) Hacer una estimación de la temperatura de Venus suponiendo que se comporta como un cuerpo negro. Explicar las limitaciones de esta estimación. La luminosidad bolométrica del Sol es $L_\odot = 3.9 \cdot 10^{26}$ W.

c) Calcular la masa de Venus sabiendo que la sonda japonesa Akatsuki lo orbitó con un periodo de 10.8 días, en una órbita elíptica con excentricidad 0.95 y una distancia en el apoastro de 370500 km.

Solución

a) La magnitud aparente del Sol ($m_\odot$), y de cualquier astro, depende de la distancia desde la cual se observa. Podemos usar la definición de magnitud aparente (ecuación 2.4) para expresar $m_\odot$ en función de la luminosidad del Sol ($L_\odot$) y de la distancia Sol-Tierra (r_T), que vamos a considerar constante (órbita circular):

$$m_\odot = -2.5 \log \left(\frac{L_\odot}{4\pi r_T^2} \frac{1}{f_0} \right) = -2.5 \log \left(\frac{L_\odot}{f_0} \right) + 2.5 \log (4\pi r_T^2)$$

(3.28)

donde f_0 es una constante que establece el punto cero de la escala de magnitudes.

En el caso de Venus, su magnitud aparente desde la Tierra cuando está en conjunción superior, m_V, dependerá del brillo superficial del planeta debido a la luz que refleja del Sol, y del ángulo sólido que subtiende desde la Tierra en dicha configuración planetaria (Ω_V).

A la superficie del planeta Venus llega un flujo del Sol ($f_{\odot,V}$) que depende de $L_\odot$ y de la distancia Venus-Sol (r_V):

$$f_{\odot,V} = \frac{L_\odot}{4\pi r_V^2}$$

El planeta refleja un 75 % de la luz que recibe ($A = 0.75$), por lo que, en la superficie de Venus, el flujo reflejado (f_V) será una fracción A del recibido ($f_{\odot,V}$). Por otro lado, si consideramos que la superficie de Venus refleja la radiación de forma isótropa, dicho flujo en la superficie (f_V) está relacionado con el brillo superficial del planeta (B_V) por un factor π (ecuación 2.1). Igualando ambas expresiones para f_V podemos obtener B_V como sigue

$$\left. \begin{array}{l} f_V = A f_{V,\odot} = A \dfrac{L_\odot}{4\pi r_V^2} \\[2ex] f_V = \pi B_V \end{array} \right\} \implies B_V = A \frac{L_\odot}{4\pi^2 r_V^2}$$

El flujo recibido de Venus en Tierra ($f_{V,T}$), que nos permitirá calcular la magnitud aparente, vendrá dado por el producto del brillo superficial B_V y del ángulo sólido que subtiende Venus desde la Tierra en dicha configuración planetaria (Ω_V):

$$f_{V,T} = B_V \Omega_V = A \frac{L_\odot}{4\pi^2 r_V^2} \frac{\pi R_V^2}{(r_V + r_T)^2} = \frac{A L_\odot R_V^2}{4\pi r_V^2 (r_V + r_T)^2} \quad (3.29)$$

Por definición, la magnitud aparente de Venus, visto desde la Tierra es

$$m_V = -2.5 \log\left(\frac{f_{V,T}}{f_0}\right) \quad (3.30)$$

Sustituyendo en la ecuación 3.30 la expresión de $f_{V,T}$ (ecuación 3.29) y usando la ecuación 3.28, obtenemos:

$$m_V = -2.5 \log\left(\frac{L_\odot}{f_0}\right) - 2.5 \log\left(\frac{A R_V^2}{4\pi r_V^2 (r_V + r_T)^2}\right)$$

$$= m_\odot - 2.5 \log(4\pi r_T^2) - 2.5 \log\left(\frac{A R_V^2}{4\pi r_V^2 (r_V + r_T)^2}\right)$$

$$= m_\odot - 2.5 \log\left[\left(\frac{r_T}{r_V}\right)^2 \frac{A R_V^2}{(r_V + r_T)^2}\right]$$

Sustituyendo en la expresión anterior (teniendo cuidado con las unidades) obtenemos:

$$m_V = -26.74 + 22.76 = -3.98$$

Por tanto, la magnitud aparente de Venus cuando está en conjunción superior es aproximadamente $m_V = -4$.

b) Para hacer una estimación de la temperatura del planeta (T_V), suponemos que se encuentra en equilibrio térmico[13]. En estas circunstancias, la energía por unidad de tiempo que absorbe del Sol (L_{abs}, la que no refleja), la reemite en otras frecuencias (L_{em}) como energía térmica, con una fuerte dependencia de la temperatura (ley de Stefan-Boltzmann), de modo que

$$L_{abs} = L_{em}$$

donde:

13: Esto mismo se explica de forma más detallada en el problema 3.14 (Exoplaneta Próxima b).

- $L_{abs} = (1 - A)\frac{L_\odot}{4\pi r_V^2}\pi R_V^2$
- $L_{em} = 2\pi R_V^2 \sigma T_V^4$

Notar que hemos considerado que sólo emite radiación térmica un hemisferio del planeta (área $2\pi R_V^2$) para tener en cuenta que su rotación es lenta.

Si igualamos ambas luminosidades (L_{abs} y L_{em}) y operamos:

$$(1 - A)\frac{L_\odot}{4\pi r_V^2}\pi R_V^2 = 2\pi R_V^2 \sigma T_V^4$$

$$\Rightarrow T_V = \left[\frac{(1 - A)L_\odot}{8\pi\sigma r_V^2}\right]^{1/4}$$

y sustituyendo valores en las unidades apropiadas obtenemos $T_V = 277$ K.

Sabemos que la temperatura de Venus es mayor. Este cálculo no tiene en cuenta el enorme efecto invernadero del planeta por su densa atmósfera, que da lugar a una temperatura promedio de ~ 740 K, mucho mayor que la calculada.

c) Con la excentricidad de la órbita de la sonda Akatsuki y su distancia a Venus en el apoastro (r_a), podemos estimar el semieje mayor de su órbita (a):

$$a = \frac{r_a}{1 + e} = \frac{370500}{1 + 0.95} = 190000 \, \text{km}$$

Podemos ahora usar la tercera ley de Kepler para estimar la masa de Venus (M_V) a partir del periodo T y el semieje mayor de la órbita de Akatsuki a, pues podemos despreciar la masa de la sonda m_{Ak} con respecto a la del planeta:

$$T^2 = \frac{4\pi^2}{G(M_V + m_{Ak})}a^3 \approx \frac{4\pi^2}{GM_V}a^3$$

Despejando M_V y sustituyendo a y T en metros y segundos, respectivamente (unidades del Sistema Internacional), calculamos la masa de Venus:

$$\Rightarrow M_V \approx \frac{4\pi^2}{GT^2}a^3 = 4.7 \cdot 10^{24} \, \text{kg}$$

Problema 3.16 *Pólux y Thestias*

La estrella Pólux tiene una paralaje de 0.0965″ y una magnitud aparente bolométrica $m_P = 1.03$.

a) Sabiendo que el radio de Pólux es 8.8 veces mayor que el radio del Sol, y que la magnitud absoluta bolométrica del Sol es 4.74, calcular la razón entre la temperatura de Pólux y la del Sol.

b) Se ha descubierto un exoplaneta (Thestias) que orbita en torno a Pólux con una órbita casi circular de radio 1.64 UA. Calcular las magnitudes absoluta y aparente bolométricas de Pólux vista desde Thestias.

c) Hacer una estimación de la temperatura del planeta Thestias y de su periodo orbital, sabiendo que la masa de Pólux es 1.9 veces la masa del Sol y suponiendo un albedo de 0.4 para el planeta.

Solución

a) Podemos calcular la razón entre las temperaturas usando la ley de Stefan-Boltzmann, que relaciona la temperatura efectiva de una estrella (T_{ef}) con el flujo en su superficie. Para una estrella de luminosidad bolométrica L y radio R, tenemos entonces:

$$L = 4\pi R^2 \sigma T_{ef}^4$$

lo cual nos permite estimar la razón de temperaturas, conociendo la razón entre los radios y la razón entre las luminosidades bolométricas de las dos estrellas. Para Pólux y el Sol tenemos:

$$\frac{L_P}{L_\odot} = \left(\frac{R_P}{R_\odot}\right)^2 \left(\frac{T_{ef,P}}{T_{ef,\odot}}\right)^4 \tag{3.31}$$

Conocemos la razón $R_P/R_\odot$, por lo que sólo necesitamos determinar la razón entre luminosidades $L_P/L_\odot$. Podemos determinar la magnitud absoluta bolométrica de Pólux (M_P) a partir de la aparente y la distancia, que podemos calcular (en parsecs) con la inversa de su paralaje (en segundos de arco):

$$M_P = m_P - 5\log r[pc] + 5 = 1.03 - 5\log \frac{1}{0.0965} + 5 = 0.95$$

La diferencia entre las magnitudes absolutas bolométricas de Pólux y Sol, nos permite calcular $L_P/L_\odot$:

$$M_P - M_\odot = -2.5\log\frac{L_P}{L_\odot} \;\rightarrow\; \frac{L_P}{L_\odot} = 10^{-\frac{M_P-M_\odot}{2.5}} = 32.8$$

Despejando en la ecuación 3.31, tenemos:

$$\frac{T_{\text{ef},P}}{T_{\text{ef},\odot}} = \left(\frac{L_P/L_\odot}{(R_P/R_\odot)^2}\right)^{1/4} = 0.81$$

Pólux es por tanto más fría que el Sol, con una temperatura efectiva $T_{\text{ef},P} = 0.81 \times 5772\,\text{K} \sim 4675\,\text{K}$.

b) La magnitud absoluta, por definición, es independiente de la distancia. La hemos calculado en el apartado anterior, $M_P = 0.95$.

La magnitud aparente bolométrica de Pólux desde Thestias ($m_{P,\text{Th}}$) la calculamos a partir de la absoluta (M_P), teniendo en cuenta la distancia entre Thestias y Pólux, que suponemos igual al radio orbital de Thestias, 1.64 UA ($= 7.95 \times 10^{-6}$ pc):

$$m_{P,\text{Th}} = M_P + 5\log r[\text{pc}] - 5 = -29.5$$

c) Para estimar la temperatura del planeta $T_{\text{ef},\text{Th}}$ suponemos que se encuentra en equilibrio térmico. En estas condiciones, la energía por unidad de tiempo que absorbe Thestias debido a la radiación recibida de la estrella (L_{abs}), es igual a la energía térmica que el planeta emite por unidad de tiempo (L_{em}).

- L_{abs} es una fracción $(1-A)$ de la radiación por unidad de tiempo que recibe la superficie del planeta de su estrella (siendo A el albedo del planeta). Si suponemos órbita circular de radio igual a a ($= 1.64$ UA), el planeta recibe un flujo $L_P/(4\pi a^2)$ de Pólux, de donde:

$$L_{\text{abs}} = (1-A)\frac{L_P}{4\pi a^2}\pi R_{\text{Th}}^2 \qquad (3.32)$$

  donde R_{Th} es el radio del planeta Thestias.
- L_{em} vendrá dada por el flujo en la superficie del planeta (ley de Stefan-Boltzmann, $\sigma T_{\text{ef},\text{Th}}^4$) multiplicado por la superficie emisora. Si el planeta tiene rotación rápida toda

la superficie del planeta emite radiación térmica ($4\pi R_{\mathrm{Th}}^2$), mientras que dicha radiación se emitiría principalmente desde un hemisferio del planeta si éste rota lentamente ($2\pi R_{\mathrm{Th}}^2$). No disponemos de información del periodo de rotación del planeta. Si suponemos rotación rápida:

$$L_{\mathrm{em}} = 4\pi R_{\mathrm{Th}}^2 \sigma T_{\mathrm{ef,Th}}^4 \qquad (3.33)$$

Igualando las ecuaciones 3.32 y 3.33 y despejando $T_{\mathrm{ef,Th}}$, obtenemos:

$$T_{\mathrm{ef,Th}} = \left[\frac{(1-A)L_P}{16\pi\sigma a^2} \right]^{1/4} = 460\,\mathrm{K}$$

Para estimar el periodo orbital de Thestias (T) podemos hacer uso de la tercera ley de Kepler, donde podemos despreciar la masa del planeta con respecto a la de su estrella Pólux:

$$T^2 = \frac{4\pi^2}{G(M_P + M_{\mathrm{Th}})} a^3 \approx \frac{4\pi^2}{GM_P} a^3$$

y sustituyendo y convirtiendo adecuadamente las unidades:

$$T = \sqrt{\frac{4\pi^2}{GM_P} a^3} = 4.8 \times 10^7\,\mathrm{s} = 556\,\mathrm{días} = 1.52\,\mathrm{años}$$

El periodo orbital de Thestias es por tanto de unos 1.5 años terrestres.

Problema 3.17 *El periodo de rotación terrestre*

Los reflectores colocados en la Luna por los astronautas de las misiones Apolo han permitido determinar que la Luna se aleja de la Tierra a un ritmo de 3.8 cm al año. Aplicando conservación del momento angular del sistema Tierra-Luna, determinar cuánto se alarga la duración del periodo de rotación de la Tierra cada año.

Solución

El momento angular total del sistema Tierra-Luna, considerado como sistema aislado, ha de conservarse. Está compuesto por dos momentos angulares de rotación, y por el momento angular orbital de la Luna alrededor de la Tierra (en realidad, por los movimientos orbitales de la Tierra y la Luna alrededor del centro de masas común, pero dado que $M_T \gg M_L$, siendo M_T y M_L las masas de la Tierra y de la Luna, se puede aproximar que la Tierra permanece inmóvil sobre el centro de masas del sistema).

Como el momento angular total $\vec{J} = \vec{S}_T + \vec{S}_L + \vec{L}$ se conserva, donde $\vec{S}$ representa el momento angular de rotación (espín) de cada cuerpo celeste, y $\vec{L}$ el momento angular orbital (calculado en el sistema centro de masas), entonces se ha de cumplir que $\Delta\vec{S}_T + \Delta\vec{S}_L + \Delta\vec{L} = 0$, o bien

$$\Delta\vec{S}_T = -\Delta\vec{S}_L - \Delta\vec{L} \tag{3.34}$$

Ecuaión que debe cumplirse para cada componente vectorial. Vamos a considerar la componente perpendicular al plano de la eclíptica haciendo algunas aproximaciones. El plano orbital de la Luna está inclinado aproximadamente 5° con respecto a la eclíptica. Al ser pequeño, consideramos que todo el momento angular orbital de la Luna está contenido en la componente perpendicular a la eclíptica (supone un error de sólo un 0.4 %). Por otro lado, la oblicuidad lunar es de unos 6.6° con respecto a su plano orbital, pero de sólo ~1.5° con respecto al plano de la eclíptica, con lo cual prácticamente todo su momento angular de rotación está contenido también en la componente perpendicular a la eclíptica. En cambio, sabemos que el eje de rotación de la Tierra está inclinado aproximadamente $\epsilon = 23.5°$ respecto al plano de la eclíptica, con lo que en este caso arrastraremos un factor $\cos\epsilon$.

Comenzamos el cálculo con el momento angular orbital, cuya expresión es $L = I\omega = M_L d_{TL}^2 2\pi/T_{orb}$, siendo $M_L = 7.346 \cdot 10^{22}$ kg la masa de la Luna, $d_{TL} = 384400$ km la distancia promedio Tierra-Luna, y $T_{orb} = 27.32$ días el periodo orbital de la Luna alrededor de la Tierra. Esto nos da un total de $L = 2.889 \cdot 10^{34}$ J s (julios-segundo, o kg m² s⁻¹). Tomando incrementos, y quedándonos solamente con correcciones a primer orden en los desarrollos de Taylor, se obtiene que:

$$\Delta L = M_L d_{TL}^2 \frac{2\pi}{T_{orb}} \left(2\frac{\Delta d_{TL}}{d_{TL}} - \frac{\Delta T_{orb}}{T_{orb}}\right)$$

donde Δd_{TL} = 3.8 cm cada año y por la tercera ley de Kepler, $T_{orb} \propto d_{TL}^{3/2}$ así que $\Delta T_{orb}/T_{orb} = (3/2)\Delta d_{TL}/d_{TL}$. En conjunto, el cambio en el momento angular orbital es:

$$\Delta L = L\frac{1}{2}\frac{\Delta d_{TL}}{d_{TL}}$$

Continuemos con el momento angular de rotación terrestre, que es el que contiene el cambio en el periodo de rotación terrestre ΔT_T que nos pregunta el enunciado. La expresión de este momento angular es[14] $S_T = I_T\omega_T = (2/5)M_T R_T^2 (2\pi/T_T)\cos\epsilon$ siendo $M_T = 5.972 \cdot 10^{24}$ kg la masa de la Tierra, $R_T = 6371$ km el radio (ecuatorial) de la Tierra, $T_T = 86164$ s el periodo de rotación de la Tierra (día sidéreo), y $\cos\epsilon$ es el factor de corrección para tener en cuenta solamente la proyección de este momento angular en la dirección perpendicular al plano de la eclíptica. El valor de este producto es $S_T = 6.487 \cdot 10^{33}$ J s. Tomando incrementos y quedándonos a primer orden, se obtiene:

14: Recordar que el momento de inercia de una esfera uniforme es $I = (2/5)MR^2$.

$$\Delta S_T = \frac{2}{5}M_T R_T^2 \left(-\frac{2\pi\Delta T_T}{T_T^2}\right)\cos\epsilon = -S_T\frac{\Delta T_T}{T_T}$$

De manera análoga, tenemos el momento angular de rotación lunar. Su expresión es $S_L = I_L\omega_L = (2/5)M_L R_L^2 (2\pi/T_L)$ siendo $M_L = 7.346 \cdot 10^{22}$ kg la masa de la Luna, $R_L = 1737$ km el radio de la Luna, y $T_L = T_{orb} = 27.32$ días (al estar acoplada por marea, el periodo de rotación y de traslación de la Luna son iguales, por eso nos muestra siempre la misma cara). El producto vale $S_L = 2.361 \cdot 10^{29}$ J s, que es mucho menor que los momentos angulares calculados anteriormente. Tomando incrementos y quedándonos a primer orden, se obtiene:

$$\Delta S_L = \frac{2}{5}M_L R_L^2 \left(-\frac{2\pi\Delta T_L}{T_L^2}\right) = -S_L\frac{\Delta T_{orb}}{T_{orb}} = -S_L\frac{3}{2}\frac{\Delta d_{TL}}{d_{TL}}$$

donde hemos considerado que la Luna se mantiene acoplada

por marea (no obstante, este término va a resultar despreciable). Sustituyendo todas estas expresiones en la conservación de momento angular (3.34), tenemos que:

$$-S_T \frac{\Delta T_T}{T_T} = S_L \frac{3}{2} \frac{\Delta d_{TL}}{d_{TL}} - L \frac{1}{2} \frac{\Delta d_{TL}}{d_{TL}}$$

Y despejando $\Delta T_T / T_T$, se llega a la expresión:

$$\frac{\Delta T_T}{T_T} = \frac{\Delta d_{TL}}{d_{TL}} \left(\frac{1}{2} \frac{L}{S_T} - \frac{3}{2} \frac{S_L}{S_T} \right)$$

El segundo sumando dentro del paréntesis resulta ser despreciable frente al primero, por lo que podíamos haber despreciado el cambio en la rotación lunar desde el principio. Por tanto, se obtiene que el periodo de rotación de la Tierra aumenta cada año en:

$$\Delta T_T = T_T \frac{\Delta d_{TL}}{d_{TL}} \frac{1}{2} \frac{L}{S_T} \simeq 1.895 \cdot 10^{-5} \, \text{s}$$

lo cual equivale a unos 1.9 ms por cada siglo. El valor observado es de unos 2.4 ms por siglo, ya que hay otros factores que afectan al periodo de rotación terrestre aparte de la Luna, como es la redistribución de masa en el interior y en el exterior de nuestro planeta (por ejemplo, por el deshielo de los polos), que está modificando su momento de inercia.

Problema 3.18   *La fricción Tierra-Luna*

Utilizando el resultado del problema anterior (es decir, que la Tierra aumenta su periodo de rotación en 2 ms por siglo), demostrar que solamente el 3 % de la energía cinética de rotación que pierde la Tierra se emplea en alejar la Luna.

Solución

La energía cinética de rotación $E_{\text{cin},T} = (1/2)I_T \omega_T^2$ que la Tierra pierde cada año (siendo I_T el momento de inercia de la Tierra, al igual que en el problema anterior, y $\omega_T = 2\pi/T_T$ la velocidad angular de rotación de la Tierra) es:

$$\Delta E_{\mathrm{cin},T} = -\frac{1}{2}I_T 2\frac{(2\pi)^2}{T_T^3}\Delta T_T = -2E_{\mathrm{cin},T}\frac{\Delta T_T}{T_T}$$

Dado que $E_{\mathrm{cin},T} = 2.577 \cdot 10^{29}$ J, la ecuación anterior corresponde a unos $1.196 \cdot 10^{20}$ J perdidos cada año.

Por otro lado, la Luna al alejarse pasa a tener una órbita con una velocidad orbital más lenta (para una órbita circular, igualando la fuerza gravitatoria a la fuerza centrípeta se obtiene que $v^2 = GM_T/d_{\mathrm{TL}}$, siendo M_T la masa de la Tierra y d_{TL} la distancia Tierra-Luna), pero aumenta su energía potencial gravitatoria, haciéndose menos negativa. De hecho, de acuerdo con el teorema del virial aplicado a la interacción gravitatoria, el aumento de energía potencial es el doble de la disminución de energía cinética orbital. Es decir, hay un aumento neto en la energía mecánica total de la Luna (E_L) que viene dado por el valor absoluto de la disminución de energía cinética orbital (o por la mitad del aumento en la energía potencial):

$$\Delta E_L = -\frac{1}{2}M_L\Delta v_{\mathrm{orb}}^2 = -\frac{1}{2}M_L\Delta\left[\frac{(2\pi)^2}{T_{\mathrm{orb}}^2}d_{\mathrm{TL}}^2\right] = \frac{1}{2}\Delta\left[-\frac{GM_TM_L}{d_{\mathrm{TL}}}\right]$$

donde la última igualdad se puede demostrar por el teorema del virial, o usando la tercera ley de Kepler (en esta expresión M_L es la masa de la Luna). Se obtiene por tanto que el aumento de energía viene dado por:

$$\Delta E_L = \frac{1}{2}\frac{GM_TM_L}{d_{\mathrm{TL}}}\frac{\Delta d_{\mathrm{TL}}}{d_{\mathrm{TL}}}$$

Sustituyendo valores, se obtiene que cada año la Luna gana $\Delta E_L = 3.77 \cdot 10^{18}$ J de energía, lo que representa un 3.2 % de la energía cinética de rotación perdida por la Tierra. El resto se disipará en otras formas de energía, por ejemplo en forma de calor.

Problema 3.19 *La órbita lunar*

En un eclipse solar, la Luna avanza aparentemente de derecha a izquierda (es decir, hacia el Este) con respecto al Sol. Usar la composición de movimientos angulares para demostrar que la Luna tarda más tiempo (50 minutos aproximadamente) en completar una vuelta respecto del (Meridiano del) observador que el Sol (y éste unos 4 minutos más que las estrellas). Suponer órbitas circulares.

Solución

Sabemos que la Tierra gira sobre sí misma en el mismo sentido que orbita al Sol, de modo que el movimiento aparente del Sol a lo largo del día es un poco más lento que el resto de las estrellas: $\omega_\odot = \omega_* - \omega_{orb,T}$, siendo $\omega_{orb,T} = 2\pi/T_{orb,T}$ donde $T_{orb,T}$ (el periodo orbital Tierra-Sol) son 365.25 días, y donde $\omega_\odot$ es la velocidad angular aparente del Sol, y ω_* la velocidad angular de rotación de la Tierra. Por otro lado, ocurre lo mismo con el movimiento de la Luna alrededor de la Tierra, de modo que $\omega_L = \omega_* - \omega_{orb,L}$, siendo $\omega_{orb,L} = 2\pi/T_{orb,L}$ donde $T_{orb,L}$ (el periodo orbital de la Luna) son 27.3 días. Esto nos dice que el Sol se retrasa cada día respecto a las estrellas un ángulo $\Delta\phi \equiv (\omega_* - \omega_\odot)T_*$, que equivale a un tiempo

$$\Delta t_\odot = \frac{\Delta\phi}{\omega_\odot} = \frac{(\omega_* - \omega_\odot)T_*}{\omega_\odot} = \frac{\omega_{orb,T}T_*}{\omega_\odot} = \frac{T_\odot T_*}{T_{orb,T}} = 235^s \simeq 4^m$$

donde T es el tiempo que tarda cada objeto en volver a la misma posición en la bóveda celeste. Análogamente, la Luna se retrasa cada día respecto a las estrellas un tiempo:

$$\Delta t_L = \frac{(\omega_* - \omega_L)T_*}{\omega_L}$$

$$= \frac{\omega_{orb,L}T_*}{\omega_* - \omega_{orb,L}} = \frac{T_*^2}{T_{orb,L} - T_*} = 3267^s \simeq 54^m$$

Juntando los dos resultados anteriores, vemos que la Luna se retrasa respecto al Sol un tiempo[15]:

$$\Delta t_L - \Delta t_\odot \simeq 50^m$$

15: Este resultado también nos dice que el tiempo que tarda la Luna en volver a ocupar la misma posición respecto del Sol (y por tanto la misma fase lunar) es de $24^h/(50^m/\text{día})$ $\simeq 29$ días. A este periodo, que realmente es de 29.53 días, se le llama *periodo sinódico*, y es lo que coloquialmente conocemos como mes lunar.

(12.2° cada día). A este periodo de 24^h50^m se llama *día de marea* y es el doble del periodo de repetición diurna de las mareas (siendo éste de 12^h25^m aproximadamente).

Problema 3.20 *El ascensor espacial*

Calcular la altura mínima de un ascensor espacial construido verticalmente desde el ecuador terrestre (es decir, perpendicular al eje de rotación de nuestro planeta) que sea capaz de propulsar una nave espacial fuera del campo gravitatorio de la Tierra.

Solución

El ascensor espacial es una estructura que aparece en la ciencia-ficción (teóricamente posible) y que resultaría de utilidad para poner en órbita satélites a distintas alturas, y en su último extremo, sería capaz de lanzar una nave lejos de nuestro planeta.

La velocidad mínima para escapar del campo gravitatorio terrestre corresponde a una energía orbital nula, y recibe el nombre de *velocidad de escape*:

$$v(r) = \sqrt{\frac{2GM_\oplus}{r}}$$

donde $M_\oplus$ es la masa de la Tierra, y r la distancia radial desde donde se desea escapar, medida desde el centro de la Tierra (pudiendo escapar desde la superficie $r = R_\oplus$ o desde una distancia mayor $r > R_\oplus$, siendo $R_\oplus$ el radio de la Tierra). Por otra parte, como el ascensor orbital va engarzado en una estructura rígida, su velocidad a cada distancia r es la de un sólido rígido que gira a la misma frecuencia angular que nuestro planeta, es decir:

$$v(r) = \omega r = \frac{2\pi}{T}r$$

siendo $T = 86164$ s el periodo de rotación terrestre (día sidéreo).

Igualando ambas expresiones[16], obtenemos el valor de r que ha de alcanzar el ascensor espacial para tener una velocidad igual a la velocidad de escape:

16: Notar que el cálculo de la órbita circular geosíncrona (para la cual el periodo orbital coincide con el periodo de rotación de la Tierra) es muy similar. De hecho, como la velocidad de escape es siempre un factor $\sqrt{2}$ mayor que la velocidad de la órbita circular, el valor de r que se obtiene en este problema es un factor $\sqrt[3]{2}$ mayor que el radio de la órbita geosíncrona.

$$r = \sqrt[3]{\frac{GM_\oplus}{2\pi^2}T^2}$$

$$= \sqrt[3]{\frac{6.674 \cdot 10^{-11}\text{kg}^{-1}\ \text{m}^3\ \text{s}^{-2} \cdot 1.988 \cdot 10^{30}\ \text{kg}}{2\pi^2}(86164\ \text{s})^2}$$

obteniendo $r = 53080$ km, lo cual corresponde a una altura de 46700 km sobre la superficie de la Tierra.

La formación estelar se produce en nubes de gas, principalmente hidrógeno que, si reúnen las condiciones necesarias, dan lugar a un conjunto de estrellas con una cierta distribución de masa. Con el tiempo estas estrellas pueden seguir juntas, formando cúmulos estelares, o se pueden ir alejando unas de otras hasta que no haya ligadura gravitatoria entre ellas. Partiendo de este origen, entendemos que sea muy frecuente la existencia de **sistemas binarios**: sistemas estelares compuestos por dos estrellas que mantienen esta ligadura gravitatoria y que orbitan alrededor del centro de masas del sistema. Aunque puede llevar a confusión, también llamamos sistemas binarios a los sistemas múltiples, formados por varias estrellas, y que tienen una estructura similar.

Podemos clasificar estas estrellas binarias de distinta forma, según el criterio que consideremos. La **clasificación** más común atiende a cómo son detectadas.

Clasificación de binarias según el método de detección

- **Visuales**: sistema en el que podemos distinguir visualmente de forma individual las dos estrellas.
- **Eclipsantes o fotométricas**: observamos una variación periódica en su curva de luz. Esto ocurre cuando cada una de ellas se interpone en la línea de visión de la otra. Para ello, su plano orbital debe estar perpendicular al plano del cielo ($i \approx 90°$, siendo i la inclinación de su órbita, es decir, el ángulo entre su eje de rotación y la dirección de observación).
- **Espectroscópicas**: observamos un desplazamiento periódico hacia el rojo de las líneas espectrales de una de las estrellas, a la vez que las líneas espectrales de la otra se desplazan hacia el azul, alternándose entre sí. Llamamos amplitud Doppler de cada estrella a la velocidad obtenida a partir del máximo desplazamiento en longitud de onda de cualquiera de las líneas de su espectro.

Pero también las podemos clasificar según la configuración del sistema, es decir, según la distancia entre ellas que, comparada con el tamaño de ambas estrellas, puede dar lugar a trasvase e incluso mezcla del material que las conforman. Definimos el

lóbulo de Roche como la región alrededor de una estrella dentro de la cual el material permanece ligado gravitatoriamente a dicha estrella.

Clasificación de binarias según la configuración del sistema

- **Distantes:** Su distancia es suficiente para que ambas evolucionen independientemente. Las que hemos visto en la clasificación anterior entrarían en este tipo. Ninguna de las dos estrellas rebasa su lóbulo de Roche.
- **Semidistantes:** Una de las componentes supera su lóbulo de Roche, por lo que parte de su material es transferido a la otra estrella.
- **De contacto:** Las dos componentes llenan su lóbulo de Roche, por lo que se produce mezcla de material entre ambas estrellas.

Los **sistemas binarios** son especialmente importantes porque nos permiten conocer la masa del sistema y, en algunos casos, la masa de cada una de sus componentes. Para ello, podemos hacer uso de las siguientes **ecuaciones y relaciones entre magnitudes**:

Tercera ley de Kepler

$$a^3 = \frac{G(m_1 + m_2)}{4\pi^2}T^2 \tag{4.1}$$

donde m_1 y m_2 son las masas de cada estrella, $a = a_1 + a_2$ el semieje mayor de la órbita del sistema, a_1 y a_2 los semiejes mayores considerando la órbita de cada estrella respecto al centro de masas, T el periodo orbital del sistema y G la constante de gravitación universal.

Relación entre masas y semiejes de las órbitas

Usando un sistema de referencia con origen en el centro de masas del sistema, puede obtenerse que

$$m_1 a_1 = m_2 a_2 \tag{4.2}$$

Relación entre velocidad orbital v y semieje mayor de la órbita a (para órbita circular)

$$v = \frac{2\pi a}{T} \operatorname{sen} i \Rightarrow \frac{v_1}{v_2} = \frac{a_1}{a_2} = \frac{m_2}{m_1} \qquad (4.3)$$

donde v_1 y v_2 son las velocidades orbitales de cada una de las estrellas que componen el sistema binario e i el ángulo de inclinación del plano orbital con respecto al plano del cielo.

Las siguientes **ecuaciones fundamentales** nos permiten describir cómo la materia y la energía se distribuyen y cambian dentro de una estrella:

Ecuaciones de interiores estelares

$$\text{Equilibrio hidrostático:} \quad dP = -G\frac{M_r\rho}{r^2}dr \qquad (4.4)$$

$$\text{Distribución de masa:} \quad dM_r = 4\pi r^2 \rho dr \qquad (4.5)$$

$$\text{Producción de energía:} \quad dL_r = 4\pi r^2 \varepsilon \rho dr \qquad (4.6)$$

Gradiente de temperatura:

$$T^3 dT = -\frac{\kappa}{16\pi\sigma}\frac{L_r\rho}{r^2}dr \qquad \text{radiación} \qquad (4.7)$$

$$\frac{dT}{dr} = \left(1 - \frac{1}{\gamma}\right)\frac{T}{P}\frac{dP}{dr} \qquad \text{convección} \qquad (4.8)$$

donde P es la presión, T la temperatura, ρ la densidad de masa, L_r y M_r la luminosidad y la masa interior a un radio r, ε la producción de energía por unidad de tiempo y masa, κ el coeficiente de absorción y σ la constante de Stefan-Boltzmann.

Este conjunto de ecuaciones diferenciales se completa con la **ecuación de estado**, que en el caso de las estrellas de la secuencia principal se puede escribir de distintas formas:

$$P = \frac{NRT}{V} = nk_BT = \frac{\rho}{m}k_BT = \frac{\rho}{\mu m_H}k_BT \qquad (4.9)$$

siendo R la constante universal de los gases ideales, k_B la constante de Boltzmann ($k_B = R/N_A$, con N_A el número de Avogadro), N el número de moles, n la densidad de partículas, m la masa promedio de una partícula del gas y μ el peso molecular medio de una partícula del gas en términos de la masa del átomo de hidrógeno m_H.

La conocida como *aproximación de un solo paso* (ver p.e. *Introducción a la Astrofísica*, E. Battaner, Alianza Editorial) consiste en aplicar el método de Euler de resolución numérica de ecuaciones diferenciales pero con un único paso entre el punto inicial y final de integración, de modo que para cualquier magnitud X se sustituye $dX \approx X(r = R) - X(r = 0)$ siendo R el radio de la estrella, y el valor de una magnitud se sustituye por $X(r) \approx [X(r = R) + X(r = 0)]/2$.

Por ejemplo, para la ecuación de equilibrio hidrostático, considerando que P y ρ en la superficie de la estrella son despreciables frente a sus valores centrales (P_0, ρ_0):

$$-P_0 = -G\frac{\frac{M}{2}\frac{\rho_0}{2}}{\frac{R^2}{4}}R \Rightarrow P_0 = G\frac{M\rho_0}{R} \tag{4.10}$$

Sistema binario Kepler-16

El exoplaneta Kepler-16b orbita un sistema estelar binario que se encuentra a una distancia de 245 años luz de la Tierra. Las dos estrellas orbitan respecto a su centro de masas en un periodo de 41.0 días y con un semieje mayor angular de 2.98 milisegundos de arco. Calcular:

a) La masa total del sistema binario en masas solares.
b) Las masas individuales de las dos estrellas, a partir del resultado anterior, sabiendo que el cociente de semiejes mayores es $a_2/a_1 = 3.40$.

Solución

a) El enunciado nos indica que somos capaces de distinguir y observar ambas componentes, por lo que se trata de un ejemplo de binarias visuales. Como sabemos, la tercera ley de Kepler nos permite conocer la masa total del sistema si somos capaces de medir (o calcular) el semieje mayor y el periodo de la órbita del sistema binario.

Sabemos que el periodo es:

$$T = 41.0 \text{ días} = 0.112 \text{ años}$$

pero el semieje mayor nos lo dan medido en el cielo (es decir, el ángulo que subtiende el semieje mayor visto desde la Tierra), con lo que para calcular su magnitud lineal necesitamos conocer la distancia (normalmente, si el sistema binario está suficientemente próximo, por el método de la paralaje), que también nos la da el enunciado:

$$d = 245 \text{ años luz} = 75.2 \text{ pc} = 15.5 \cdot 10^6 \text{ UA}$$

Si α es el semieje mayor angular de la órbita y d la distancia desde nuestro planeta al sistema binario, podemos estimar a, el semieje mayor de la órbita, mediante:

$$\tan \alpha \approx \alpha[\text{rad}] = \frac{a}{d}$$

de donde obtenemos el valor de a:

$$a = \alpha d = 1.44 \cdot 10^{-8}\,\text{rad} \cdot 15.5 \cdot 10^6\,\text{UA} = 0.224\,\text{UA}$$

Como ya tenemos T y a podemos calcular la masa del sistema ($M = m_1 + m_2$, siendo m_1 y m_2 las masas de ambas estrellas) a partir de la tercera ley de Kepler (ecuación 4.1):

$$M = \frac{4\pi^2 a^3}{GT^2}$$

o, de forma más sencilla, comparando con el sistema Tierra-Sol, que permite simplificar esta ley si M está en $M_\odot$, T en años y a en unidades astronómicas (ecuación 3.16):

$$M = \frac{a^3}{T^2} = \frac{0.224^3}{0.112^2}\,M_\odot = 0.896\,M_\odot$$

b) Una vez resuelto el apartado anterior, en el que tenemos el valor de la suma de las dos masas ($m_1 + m_2$), si además conocemos el valor de otra combinación de ambas, tenemos un sistema de dos ecuaciones con dos incógnitas (las masas individuales) que podemos resolver. En este caso sabemos el cociente de semiejes mayores, que se puede medir en binarias visuales puesto que coincide con el cociente de semiejes mayores angulares, al cancelarse la distancia en el cociente. Pero si tomamos la posición del centro de masas como origen del sistema de referencia, obtenemos la relación:

$$m_1 a_1 = m_2 a_2 \implies \frac{m_1}{m_2} = \frac{a_2}{a_1} = 3.40$$

Por el apartando anterior sabemos que $m_1 + m_2 = 0.896\,M_\odot$, así que resolviendo el sistema:

$$M = m_1 + m_2 = m_1 + \frac{m_1 a_1}{a_2} = m_1 \left(\frac{a_2 + a_1}{a_2} \right)$$

de donde

$$m_1 = M \frac{a_2}{a_1 + a_2} = M \frac{\frac{a_2}{a_1}}{1 + \frac{a_2}{a_1}} = 0.896\,M_\odot \frac{3.40}{1 + 3.40} = 0.692\,M_\odot$$

y por tanto

$$m_2 = (0.896 - 0.692) \, M_\odot = 0.204 \, M_\odot$$

Como vemos, ambas estrellas del sistema binario tienen masas más ligeras que el Sol; de hecho una es una estrella enana tipo K y la otra es una estrella enana roja.

Problema 4.2   *Sistema Alfa Centauri*

Alfa Centauri es el sistema estelar más próximo al Sol. Su paralaje es de $\Pi = 0.755''$. Es un ejemplo de sistema múltiple: está compuesto de tres estrellas, una de las cuales (Alfa Centauri C) orbita alrededor de las otras dos (Alfa Centauri A y B), que están mucho más próximas entre sí. Nos centramos en el sistema binario compuesto por Alfa Centauri A (Rigil Kentaurus) y Alfa Centauri B (Toliman). El periodo de la órbita es de T = 79.9 años, el semieje mayor angular del sistema es 17.57" y el cociente entre los semiejes mayores considerando la órbita de las estrellas A y B respecto al centro de masas es de $a_B/a_A = 1.20$. Calcular la masa total del sistema AB y las masas m_A y m_B.

Solución

Este problema es muy parecido al anterior. La única diferencia es que nos dan la paralaje en lugar de la distancia, pero podemos convertirla rápidamente usando la relación:

$$d[\text{pc}] = \frac{1}{\Pi[\text{arcsec}]} = 1.325 \, \text{pc}$$

Calculamos el semieje mayor del sistema a partir del semieje angular del sistema (α) y de la distancia obtenida, ya que $\tan \alpha \approx \alpha = a/d$. Por tanto

$$a = \alpha d \;=\; \frac{17.57''}{\frac{60''}{1'} \cdot \frac{60'}{1°}} \cdot \frac{\pi \, \text{rad}}{180°} \cdot 1.325 \, \text{pc} \cdot \frac{3.086 \cdot 10^{16} \, \text{m/pc}}{1.496 \cdot 10^{11} \, \text{m/UA}}$$

$$= \; 23.27 \, \text{UA}$$

Para calcular la masa total del sistema (M) hacemos uso de nuevo de la tercera ley de Kepler (3.18), obteniendo:

$$M = \frac{4\pi^2}{G} \frac{a^3}{T^2} = \frac{(a[\text{UA}])^3}{(T[\text{años}])^2} M_\odot = 1.974 \, M_\odot$$

Y como el cociente de semiejes mayores nos da el cociente de masas:

$$\frac{a_B}{a_A} = \frac{m_A}{m_B} = 1.20 \Rightarrow 1.974 \, M_\odot = 1.20 \, m_B + m_B = 2.20 \, m_B$$

con lo que obtenemos:

$$m_B = 0.897 \, M_\odot$$

$$m_A = M - m_B = 1.077 \, M_\odot$$

Problema 4.3 *Sistemas binarios espectroscópicos*

Se observa que un sistema binario eclipsante o fotométrico es también un sistema espectroscópico. La observación de dicho sistema nos proporciona los siguientes datos: dos rayas espectrales varían de posición de manera que la curva $[v, t]$, donde v es la proyección en la dirección de observación de la velocidad orbital, es una sinusoide de periodo 2.0 días y amplitud 81.5 km s^{-1} para una estrella y 163.0 km s^{-1} para la otra. Determinar:

a) Los semiejes mayores de la órbita de cada estrella en unidades astronómicas.

b) Las masas individuales de cada estrella en masas solares.

Solución

1: La condición para poder observar efecto Doppler en un sistema espectroscópico es que $i \neq 0°$, mucho menos restrictiva que la condición de eclipse.

a) En primer lugar nos damos cuenta de que, al ser un sistema binario eclipsante, la inclinación del plano de la órbita del sistema respecto al plano del cielo es $i \approx 90°$, puesto que es la única inclinación bajo la cual podemos ver que una componente del sistema eclipsa a la otra[1].

Suponiendo órbitas circulares, la amplitud Doppler nos da el valor del semieje mayor para cada componente, es decir los semiejes mayores individuales de la órbita de cada estrella. Dado que en un movimiento circular uniforme:

$$v = \omega r = \frac{2\pi}{T} r$$

(recordemos que el periodo es común a las dos componentes de un sistema binario, y que para una órbita circular se cumple que $r = a$), tenemos que el semieje mayor de cada estrella es

$$a_1 = \frac{v_1 T}{2\pi} = 2.24 \cdot 10^9 \, \text{m} = 0.015 \, \text{UA}$$

y

$$a_2 = \frac{v_2 T}{2\pi} = 4.48 \cdot 10^9 \, \text{m} = 0.030 \, \text{UA}$$

El semieje mayor del sistema es la suma de los semiejes individuales, así que este sistema tiene un semieje mayor $a = 0.045$ UA.

b) Para calcular las masas individuales primero estimamos la total, para después hacer uso de las relaciones entre semiejes mayores de las órbitas individuales, o entre las amplitudes de sus velocidades.

Calculamos la masa total M del sistema a partir de la tercera ley de Kepler (ecuación 3.18), para lo cual calculamos el periodo T en años:

$$T = 2.0 \, \text{días} = 5.48 \cdot 10^{-3} \, \text{años}$$

$$M = \frac{a^3}{T^2} = \frac{(a_1 + a_2)^3}{T^2} = 3.03 \, M_\odot$$

Como sabemos que

$$\frac{m_1}{m_2} = \frac{a_2}{a_1} = \frac{v_2}{v_1} = 2$$

y que $M = m_1 + m_2 = 3.03 \, M_\odot$, podemos calcular las masas de cada una de las estrellas que conforman el sistema binario:

$$m_1 = 2.02 \, M_\odot$$

$$m_2 = 1.01 \, M_\odot$$

Problema 4.4 *La estrella S2 y Sgr A**

Considerar el sistema binario formado por la estrella S2 y Sgr A*, el agujero negro supermasivo de nuestra Galaxia. El ángulo de paralaje del sistema es 0.1208 mas (milisegundos de arco), y el periodo orbital de la estrella S2 es de 16.0 años. Supondremos que la estrella describe una órbita circular.

a) Obtener la distancia al sistema binario en pársecs.
b) Si la amplitud Doppler de la estrella es de 1385 km s^{-1}, determinar el semieje mayor del sistema en UA, usando que la masa de S2 (m_*) es mucho menor que la de Sgr A* (m_S), y que vemos el sistema bajo una inclinación de $i = 133.8°$.
c) Usando la tercera ley de Kepler, calcular la masa del agujero negro Sgr A* en masas solares.

Solución

a) Como sabemos la paralaje, podemos usar la expresión:

$$d[\text{pc}] = \frac{1}{\Pi[\text{arcsec}]} = \frac{1}{0.1208 \cdot 10^{-3} \text{ arcsec}} = 8278 \text{ pc}$$

2: En realidad, la estrella S2 tiene una excentricidad muy alta, con un valor de 0.885, con lo que la solución no es tan simple como se ilustra en este ejercicio. Como curiosidad, debido a la alta excentricidad de la órbita, la estrella S2 alcanza en el periastro velocidades de 5000 km s^{-1}, siendo la órbita más rápida que se conoce (1/60 de la velocidad de la luz).

b) El enunciado nos dice que supongamos órbitas circulares[2]. A partir de la amplitud Doppler podemos obtener el semieje mayor de esa componente del sistema:

$$v = \omega r \operatorname{sen} i = \frac{2\pi}{T} r \operatorname{sen} i$$

donde $r = a$ para órbitas circulares, y el factor $\operatorname{sen} i$ aparece porque el efecto Doppler afecta únicamente a la dirección en la línea de visión. Despejando, obtenemos que el semieje de la órbita de la estrella (a_*) es

$$a_* = \frac{v_* T}{2\pi \operatorname{sen} i} = 1.54 \cdot 10^{14} \text{ m} = 1030 \text{ UA}$$

Como la masa de Sgr A* será mucho mayor que la de la estrella, lo cual comprobaremos en el siguiente apartado, es de esperar que el semieje mayor de la órbita de Sgr A* sea despreciable frente al de S2. Por tanto, el semieje mayor del sistema, que es la suma de ambos, es este valor que acabamos de calcular[3].

3: El semieje mayor de S2 en realidad se ha podido obtener de forma visual, no espectroscópica.

c) Para calcular la masa del agujero negro, vamos a suponer que la masa de la estrella es despreciable frente a la de Sgr A* (tendremos que comprobar la validez de esta aproximación cuando obtengamos el resultado), así que la masa total es prácticamente la masa de Sgr A*. Usando la tercera ley de Kepler, obtenemos que dicha masa es:

$$M = m_* + m_S \approx m_S = \frac{4\pi^2}{G} \frac{a^3}{T^2} = \frac{1030^3}{16.0^2} M_\odot = 4.3 \cdot 10^6 \, M_\odot$$

Es decir, el agujero negro supermasivo que hay en el centro de nuestra Galaxia tiene una masa de 4.3 millones de veces la masa del Sol por lo que, efectivamente, la aproximación realizada era válida.

Problema 4.5   *El centro de masas del Sistema Solar*

Suponiendo que en el Sistema Solar existiese únicamente el sistema Sol-Júpiter, separados por una distancia media de 5.20 UA, calcular la distancia del Sol al centro de masas de este hipotético Sistema Solar, y compararlo con el radio del Sol. Suponer que la órbita es circular. *Datos*: $M_J = 1.898 \cdot 10^{27}$ kg.

Solución

La distancia media entre el Sol y Júpiter es de $a = 5.20$ UA. Ésta no es la distancia de Júpiter al centro de masas de ambos cuerpos, sino que es la distancia relativa entre ellos. Por tanto, y como dos cuerpos siempre se encuentran en lados opuestos de su centro de masas, se cumple la relación:

$$a = a_\odot + a_J$$

siendo $a_\odot$ el semieje mayor de la órbita del Sol alrededor del centro de masas y a_J el de Júpiter. Además, tomando como origen de coordenadas el centro de masas, la condición $\vec{R}_{CM} = 0$ nos dice que

$$a_\odot M_\odot = a_J M_J$$

Juntando ambas expresiones, podemos eliminar el semieje mayor de Júpiter para que nos quede una ecuación cuya incógnita es $a_\odot$, que en el caso de órbitas circulares, es el radio de la órbita del Sol alrededor del centro de masas del sistema:

$$a = a_\odot + a_\odot \frac{M_\odot}{M_J} = a_\odot \left(1 + \frac{M_\odot}{M_J}\right)$$

De aquí se obtiene, sabiendo que $M_\odot \gg M_J$:

$$
\begin{aligned}
a_\odot &= \frac{a}{1 + M_\odot/M_J} \approx \frac{M_J \, a}{M_\odot} \\[2mm]
&= \frac{1.898 \cdot 10^{27} \, \text{kg} \cdot 5.20 \, \text{UA}}{1.99 \cdot 10^{30} \, \text{kg}} \\[2mm]
&= 4.96 \cdot 10^{-3} \, \text{UA} = 7.42 \cdot 10^8 \, \text{m}
\end{aligned}
$$

El radio del Sol es aproximadamente $696000\,\text{km}$, así que el centro de masas del Sistema Solar (despreciando la masa de los demás planetas y resto de cuerpos celestes) cae ligeramente fuera del Sol, a una distancia de 1.07 radios solares de su centro.

Problema 4.6   *Sistema Tierra-Sol*

Suponer que el Sistema Solar está formado únicamente por el Sol y la Tierra, y que la órbita de la Tierra es circular.

a) Calcular la velocidad del Sol alrededor de su centro de masas debido a la atracción de la Tierra.

b) Estimar el valor del desplazamiento al rojo Doppler que sería necesario para detectar el planeta Tierra mediante observaciones espectroscópicas del Sol fuera del Sistema Solar.

Solución

a) La distancia media Tierra-Sol es, por definición, $d = 1\,\text{UA}$. Siguiendo los mismos pasos que en el problema anterior, el semieje mayor del Sol alrededor del centro de masas es:

$$a_\odot = \frac{a}{\left(1 + \frac{M_\odot}{M_\oplus}\right)} \approx a\frac{M_\oplus}{M_\odot} \approx 450\,\text{km}$$

Como suponemos que la órbita es circular, la velocidad orbital del Sol debido a la atracción de la Tierra es:

$$v = \omega a_\odot = \frac{2\pi}{T}a_\odot = \frac{2\pi\,450\,\text{km}}{3.156\cdot 10^7\,\text{s}} = 0.089\,\text{m s}^{-1}$$

donde hemos tenido en cuenta que el periodo orbital del Sol alrededor del centro de masas Tierra-Sol es el mismo que el de la Tierra, es decir 1 año. Obtenemos por tanto una velocidad orbital del orden de 9 cm s^{-1}.

b) Como la velocidad obtenida es no relativista, el desplazamiento al rojo (y al azul) que sufrirá periódicamente la luz del Sol debido a la atracción de la Tierra es de

$$z = \frac{v}{c} = 3.0\cdot 10^{-10}$$

es decir, unas 300 partes por billón. Actualmente, la tecnología está cerca de conseguir esta precisión[4].

Problema 4.7 *Binarias semidistantes y de contacto*

En la siguiente figura se representan las curvas de luz de tres sistemas binarios de estrellas. Explicar a qué tipo de sistemas corresponden, según la posición relativa entre las dos componentes del sistema.

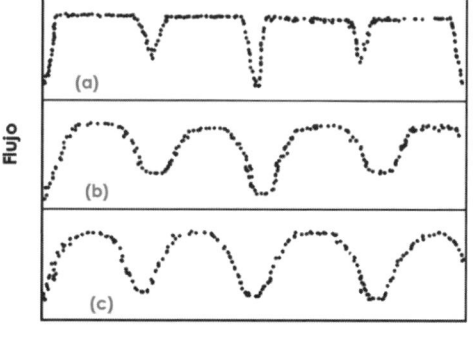

Flujo

4: El espectrógrafo HARPS en el telescopio de 3.6 m en el Observatorio de La Silla del Observatorio Europeo Austral (ESO) está dedicado a la búsqueda de exoplanetas mediante el método de las velocidades radiales (espectroscopía Doppler). Su precisión es aproximadamente de 1 m s^{-1}, que es una velocidad diez veces mayor que la que sería necesaria para detectar un exoplaneta como la Tierra que orbite una estrella como el Sol en su zona de habitabilidad. También el espectrógrafo CARMENES, situado en el Observatorio de Calar Alto (Almería) tiene una precisión similar.

Figura 4.1: Curvas de luz de tres estrellas binarias.

Solución

En la curva de luz representamos el flujo observado en función del tiempo. Para los tres sistemas vemos variaciones en la curva de luz, con máximos y mínimos, por lo que deducimos que se trata de binarias fotométricas o eclipsantes.

Pero también observamos algunas diferencias entre ellas:
(a) En el panel superior vemos máximos y mínimos bien definidos, y los dos mínimos de la curva de luz en un periodo tienen distintas profundidades: se trata de dos estrellas bien separadas (distantes) que tienen distinta temperatura efectiva. La magnitud en el mínimo más profundo corresponde al momento en que la estrella más fría eclipsa a la más caliente, y al revés en el otro.

(b) En el segundo panel la curva de luz está más redondeada, pero se siguen apareciendo mínimos de diferente profundidad. En este caso tenemos un sistema binario semidistante. Una de las estrellas está deformada y parte de su material está cayendo a la otra estrella.

(c) La curva del último panel está deformada y los mínimos de la curva de luz son similares. Se trata de un sistema binario de contacto, en el que el trasvase de material entre ambas estrellas es tal que alcanzan una temperatura similar y es difícil distinguir entre ellas.

Problema 4.8 *Estrellas binarias eclipsantes*

Detectamos un sistema binario de estrellas mediante la variación periódica de su curva de luz. El máximo de esta curva, con un flujo f, corresponde a la observación del sistema cuando ambas estrellas, de radios R_c y R_f, están separadas en el plano del cielo. En un periodo tenemos dos mínimos planos, siendo la diferencia de estos mínimos con f el doble en un caso que en otro. ¿Cuál es la relación de temperaturas entre estas estrellas, suponiendo que ambas están en la secuencia principal? Si la más brillante tiene una temperatura efectiva $T_{ef,c} = 5000$ K, ¿cuál es la temperatura de la estrella menos brillante, $T_{ef,f}$?

Solución

Del enunciado sabemos que ambas estrellas del sistema binario están en la fase de secuencia principal y que los mínimos de la curva de luz tienen diferente profundidad, con un mínimo principal y otro secundario en cada periodo, de donde deducimos que las estrellas tienen diferentes radios y temperaturas efectivas. Debido a esto, al producirse los eclipses, vemos mínimos planos en la curva de luz. Al estar ambas estrellas en la secuencia principal, deducimos que el mínimo principal (más profundo) corresponde al paso de la estrella más fría por delante de la más caliente, siendo al revés en el mínimo secundario. En ambas situaciones, tanto si la estrella más pequeña (más fría) es la que está más próxima a nosotros como más alejada, la superficie que no podemos observar es siempre la misma, que podemos aproximar por un círculo de radio el de la estrella más pequeña y fría (πR_f^2). Por tanto, si llamamos f_p al flujo recibido en el mínimo principal y f_s al recibido en el mínimo secundario (menos profundo), podemos decir que:

$$\frac{f - f_p}{f - f_s} = \frac{\pi R_f^2 \sigma T_{\text{ef},c}^4}{\pi R_f^2 \sigma T_{\text{ef},f}^4} = \left(\frac{T_{\text{ef},c}}{T_{\text{ef},f}}\right)^4$$

por lo que, para este caso:

$$\frac{f - f_p}{f - f_s} = \left(\frac{T_{\text{ef},c}}{T_{\text{ef},f}}\right)^4 = 2 \Rightarrow T_{\text{ef},c} = 1.19\, T_{\text{ef},f}$$

Si la más brillante tiene una temperatura de 5000 K, la más fría tendrá $T_{\text{ef},f} = 4200$ K.

Problema 4.9 *Binaria fotométrica; radios estelares*

Observamos un sistema binario fotométrico a partir de su curva de luz (figura 4.2). Sus órbitas son circulares. El periodo orbital que medimos a partir de esta curva de luz es de 2.92 días. La duración de cada eclipse es de 18 horas y la del eclipse total de 7.32 horas. Sabiendo que la velocidad relativa entre ellas es de 200 km s^{-1}, que $R_1 > R_2$ y que la distancia entre las estrellas (a) es mayor que sus tamaños, calcular los radios de cada una de las estrellas y la separación entre ambas.

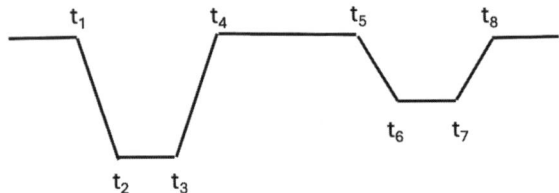

Figura 4.2: Curva de luz de una estrella binaria. En el eje horizontal se representa el tiempo y en el eje vertical el flujo procedente del sistema que se mide en la Tierra.

Solución

En la siguiente figura representamos esquemáticamente cómo se producen las diferentes fases del eclipse que corresponden a la curva de luz de la figura 4.2.

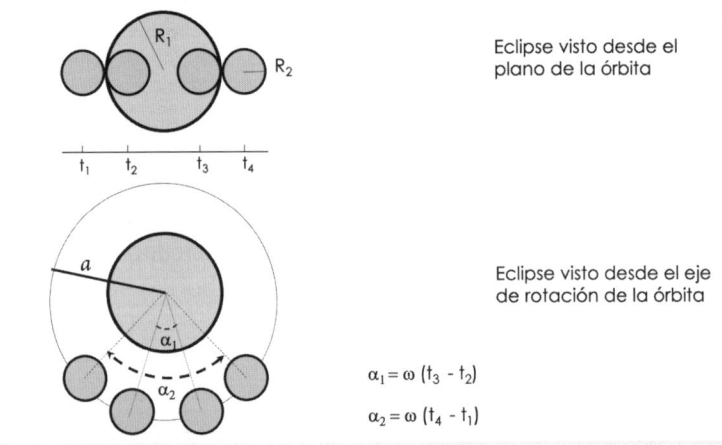

Figura 4.3: Sistema binario eclipsante, visto desde el plano de la órbita y desde el eje de rotación de la misma.

Por ejemplo, en t_1 comienza el eclipse parcial de la estrella más grande (R_1) debido al paso de la más pequeña, con radio R_2. A partir de este esquema, sabiendo que $a > R_1 + R_2$, podemos plantear el siguiente sistema de ecuaciones:

$$\operatorname{sen}\left[\omega(t_3 - t_2)\right] \approx \frac{v}{a}(t_3 - t_2) = \frac{2R_1 - 2R_2}{a}$$

$$\operatorname{sen}\left[\omega(t_4 - t_1)\right] \approx \frac{v}{a}(t_4 - t_1) = \frac{2R_1 + 2R_2}{a}$$

por tanto:

$$2R_1 - 2R_2 = v(t_3 - t_2) = 200\,\text{km s}^{-1} \cdot 7.32\,\text{h}$$

$$2R_1 + 2R_2 = v(t_4 - t_1) = 200\,\text{km s}^{-1} \cdot 18\,\text{h}$$

de donde deducimos el valor de los radios:

$$R_1 = 4.6 \cdot 10^6\,\text{km} = 6.6\,R_\odot$$

$$R_2 = 1.9 \cdot 10^6\,\text{km} = 2.7\,R_\odot$$

La separación entre ambas componentes es el radio de la órbita, que coincide con el semieje mayor de la misma, a, ya que estamos considerando que ésta es circular:

$$v = \omega\, a \Rightarrow a = \frac{Tv}{2\pi} = 8.03 \cdot 10^6\,\text{km}$$

Problema 4.10 *Rotación estelar*

Observamos la línea Hα de una estrella y medimos una anchura de 0.4 nm en dicha línea. La estrella tiene un radio similar al del Sol. Si este ensanchamiento está producido por la rotación de la estrella, determinar su periodo de rotación en días, sabiendo que la longitud de onda de la línea de Hα en reposo es de 656.3 nm. Comparar con la anchura que se produciría debido a la rotación en el caso del Sol, sabiendo que su periodo, en el ecuador, es de 24.47 días.

Solución

Una estrella como el Sol presenta una rotación diferencial, es decir, la velocidad de rotación varía con la latitud estelar. Por otro lado, lo que podemos medir a partir de la anchura de la línea es la proyección del vector velocidad en la línea de observación, es decir, $v_{\text{rot}} \operatorname{sen} i$, por lo que debemos hacer una hipótesis para i. En este caso suponemos que $i \approx 90°$, por lo que el resultado obtenido será una cota inferior (en velocidad). La relación entre la velocidad de rotación y la anchura de la línea $(\Delta\lambda)_*$ para el espectro de una estrella es:

$$\frac{(\Delta\lambda)_*}{\lambda_0} = \frac{2\,v_{\text{rot},*}}{c}$$

donde λ_0 es la longitud de onda de la línea en reposo (656.3 nm en este caso) y c la velocidad de la luz.
Por tanto:

$$v_{\text{rot},*} = \frac{c\,(\Delta\lambda)_*}{2\lambda_0} = 91360\,\text{m s}^{-1}$$

Como sabemos que su radio es aproximadamente $1\,R_\odot$, podemos calcular el periodo de rotación:

$$T_* = \frac{2\pi R_\odot}{v_{\text{rot},*}} = 47860\,\text{s} = 0.554\,\text{días}$$

Este periodo de rotación es menor que el del Sol, por lo que la velocidad de rotación de esta estrella es mayor que la del Sol. Por tanto, la anchura de la línea de $H\alpha$ producida por la rotación estelar será menor en el caso del Sol:

$$\frac{v_{\text{rot},*}}{v_{\text{rot},\odot}} = \frac{(\Delta\lambda)_*}{(\Delta\lambda)_\odot}$$

de donde deducimos que

$$(\Delta\lambda)_\odot = (\Delta\lambda)_* \frac{v_{\text{rot},\odot}}{v_{\text{rot},*}} = 0.4\,\text{nm}\,\frac{2068\,\text{m s}^{-1}}{91360\,\text{m s}^{-1}} = 0.009\,\text{nm}$$

donde se ha usado que $v_{\text{rot},\odot} = 2\pi R_\odot/T_\odot = 2068$ m s^{-1}.

Problema 4.11 *La corona solar*

Calcular la velocidad media de los electrones en la corona solar sabiendo que el plasma puede alcanzar una temperatura cinética de 10^6 K.

Solución

La temperatura cinética del sistema de electrones (T_e) está relacionada con la velocidad media de estas partículas (v_e) de la forma:

$$\frac{1}{2}m_e v_e^2 = \frac{3}{2}k_B T_e$$

donde m_e es la masa del electrón y k_B la constante de Boltzmann. Despejando la velocidad media en esta expresión:

$$v_e = \left(\frac{3k_B T_e}{m_e}\right)^{1/2} = 6.7 \cdot 10^6 \text{ m s}^{-1}$$

Problema 4.12   *El mecanismo Kelvin-Helmholtz*

Kelvin y Helmholtz plantearon a finales del siglo XIX que el origen de la radiación solar estaba en la transformación de energía mecánica en radiación al producirse la contracción de la estrella[5]. Suponiendo que la densidad de masa del Sol es constante, según esta teoría:

a) ¿Cuál sería el tiempo de vida del Sol?
b) ¿Cuál debería ser la variación en radio solar cada año para mantener su luminosidad actual?
c) Si se mantuviese esa velocidad de compresión ¿en cuánto tiempo veríamos reducido el radio angular aparente del Sol en 0.1 arcsec?

Solución

a) Podemos poner la escala temporal de vida del Sol como (energía total)/(energía que emite por unidad de tiempo). Si tenemos en cuenta el teorema del virial (ver problema 4.17), la energía total (E) está relacionada con la energía potencial (E_{pot}) en la forma $E = E_{pot}/2$. Por tanto, en este caso la energía total es la mitad de la energía potencial del Sol, y la energía que emite por unidad de tiempo es su luminosidad.

Calculamos la energía potencial del Sol:

$$E_{pot} = -\int G\frac{M_r dm}{r} = -\int_0^{R_\odot} G\frac{\left(\frac{4}{3}\pi r^3 \rho\right)\left(4\pi r^2 \rho dr\right)}{r}$$

$$= -\frac{16\pi^2}{3}G\rho^2\frac{R_\odot^5}{5} = -\frac{3}{5}\frac{M_\odot^2 G}{R_\odot}$$

[5]: El mecanismo de Kelvin-Helmholtz es importante en planetas como Júpiter y Saturno, así como en enanas marrones. De hecho, Júpiter pierde más energía mediante este mecanismo que la que recibe del Sol. El flujo de Júpiter es de 7.485 W m^{-2}, lo que correspondería a una contracción de su radio de aproximadamente 1 mm/año.

Sustituyendo los valores solares obtenemos

$$E_{pot} = 2.27 \cdot 10^{41} \, J$$

Por tanto, su tiempo de vida, si el de Kelvin-Helmholtz fuese el mecanismo predominante, sería:

$$\tau_\odot = \frac{E_\odot}{L_\odot} = \frac{E_{pot}/2}{L_\odot} = 9.4 \cdot 10^6 \, \text{años}$$

Este mecanismo fue propuesto cuando aún no se conocían las reacciones nucleares, pero en la misma época los geólogos dataron la edad de la Tierra como mucho más antigua ($\sim$ $4.5 \cdot 10^9$ años), lo que era incompatible.

b) En un año, la variación de energía potencial debida a la contracción del Sol sería:

$$\Delta E_{pot} = -\frac{3}{5} G M_\odot^2 \left(\frac{1}{R_{\odot,2}} - \frac{1}{R_{\odot,1}} \right) \approx -E_{pot} \frac{\Delta R_\odot}{R_\odot} = |E_{pot}| \frac{\Delta R_\odot}{R_\odot}$$

con $R_{\odot,1}$ y $R_{\odot,2}$ denotamos al radio solar al principio y final del periodo de tiempo considerado (un año en este caso). En el último paso hemos tenido en cuenta que $\Delta R_\odot \ll R_\odot$, por lo que $R_{\odot_1} \approx R_{\odot_2} \approx R_\odot$.

El cambio relativo en radio viene dado por

$$\frac{\Delta R_\odot}{R_\odot} = \frac{\Delta E_{pot}}{|E_{pot}|} = \frac{\Delta E_\odot}{|E_\odot|} = \frac{L_\odot t}{|E_{pot}|/2}$$

que, sustituyendo los valores, nos da una variación en radio:

$$\Delta R_\odot = \frac{3.828 \cdot 10^{26} \, J \, s^{-1} \cdot 3.156 \cdot 10^7 \, s \, \text{año}^{-1}}{0.5 \cdot 2.27 \cdot 10^{41} \, J} R_\odot$$

$$= 1.06 \cdot 10^{-7} \, R_\odot \, \text{año}^{-1}$$

c) 0.1 arcsec corresponde a una disminución en radio de:

$$\Delta R_\odot = \tan 0.1'' \cdot r = 1.04 \cdot 10^{-4} \, R_\odot$$

siendo r la distancia Sol-Tierra, es decir, 1 UA.

Como en el apartado b) hemos calculado la disminución de radio que se produciría en el Sol en un año, podemos estimar el tiempo en el que la contracción sería de 0.1 arcsec como:

$$t = \frac{1.04 \cdot 10^{-4} \, R_\odot}{1.06 \cdot 10^{-7} \, R_\odot \, \text{año}^{-1}} = 980 \, \text{años}$$

Problema 4.13 *La fusión nuclear en el Sol*

El Sol obtiene parte de su energía de radiación a partir de un proceso de fusión de núcleos, cuyo efecto final es la transformación de 4 núcleos de H, de peso atómico 1.0078 u, en uno de He, de peso atómico 4.0026 u.

a) ¿Cuántos núcleos de He deben producirse por segundo para que pueda ser explicada de esta forma la fuente de radiación solar? ¿A cuántos kilogramos de He equivalen?

b) Admitiendo que esta producción de energía ha sido constante en los últimos 10^9 años, ¿qué cantidad de masa ha perdido el Sol en este tiempo por el mencionado proceso? ¿Qué fracción de masa de la estrella supone esta pérdida?

c) Suponiendo que el Sol contiene un 70 % de H, ¿cuánto tiempo podría continuar radiando energía al ritmo actual por transformación de H en He?

Solución

a) En cada uno de los procesos de fusión mencionados se emite una energía:

$$\begin{aligned} \Delta E &= \Delta m \, c^2 = (4 \cdot 1.0078 - 4.0026) \, \text{u} \\ &= 0.0286 \, \text{u} \cdot 1.6605 \cdot 10^{-27} \, \text{kg/u} \cdot (3 \cdot 10^8 \, \text{m/s})^2 \\ &= 4.27 \cdot 10^{-12} \, \text{J} \end{aligned}$$

Por tanto, el número de procesos que se producen por segundo, sabiendo que la luminosidad $L_\odot$ es la energía que emite el Sol por unidad de tiempo, es de:

$$N = \frac{L_\odot}{\Delta E} = \frac{3.828 \cdot 10^{26} \, \text{W}}{4.27 \cdot 10^{-12} \, \text{J/proceso}} = 8.96 \cdot 10^{37} \, \text{procesos/s}$$

En cada uno de esos procesos se forma un átomo de He y se pierden 4 átomos de H. Por lo que en cada segundo:

- se producen 596 millones de toneladas de He

$$N \frac{\text{procesos}}{s} \, 4.0026 \, \text{u} \cdot 1.6605 \cdot 10^{-27} \, \frac{\text{kg}}{\text{u}} \approx 5.96 \cdot 10^{11} \, \text{kg}$$

- se pierden aproximadamente 600 millones de toneladas de H

$$N \frac{\text{procesos}}{s} \cdot 4 \cdot 1.0078 \, \text{u} \cdot 1.6605 \cdot 10^{-27} \, \frac{\text{kg}}{\text{u}} \approx 6.0 \cdot 10^{11} \, \text{kg}$$

con lo que, cada segundo, el Sol convierte 4 millones de toneladas de masa en energía[6].

6: Casi la totalidad de esta energía es radiada en forma de energía luminosa ($\Delta M c^2 \approx L_\odot t$), salvo por una pequeña fracción que se pierde en forma de neutrinos.

b) Para estimar la cantidad de materia que ha perdido el Sol en 10^9 años, calculamos primero el número de procesos que han tenido lugar en ese tiempo. Si los procesos de fusión durante ese tiempo se han mantenido con un ritmo constante (N = cte):

$$8.96 \cdot 10^{37} \, \text{s}^{-1} \cdot 10^9 \, \text{años} \cdot 3.15 \cdot 10^7 \, \frac{s}{\text{años}} = 2.82 \cdot 10^{54} \, \text{procesos}$$

y si tenemos en cuenta la pérdida de masa en cada uno de ellos:

$$2.82 \cdot 10^{54} \, \text{procesos} \cdot 0.0286 \, \text{u} \cdot 1.6605 \cdot 10^{-27} \, \text{kg/u}$$
$$= 1.34 \cdot 10^{26} \, \text{kg}$$

Esta pérdida de masa supone una fracción de la masa del Sol de:

$$\frac{1.34 \cdot 10^{26} \, \text{kg}}{1.98841 \cdot 10^{30} \, \text{kg}} = 6.7 \cdot 10^{-5}$$

es decir, en 10^9 años el Sol ha perdido solo el 0.0067 % de su masa total.

c) Si 0.7 $M_\odot$ es H, calculamos primero la masa de H que se pierde en cada uno de los procesos:

$$4 \cdot 1.0078 \, \text{u} \cdot 1.6605 \cdot 10^{-27} \, \text{kg/u} = 6.694 \cdot 10^{-27} \, \text{kg/proceso}$$

por lo que los procesos permitidos por la masa disponible de hidrógeno:

$$\frac{0.7 \, M_\odot \cdot 1.98841 \cdot 10^{30} \mathrm{kg}/M_\odot}{6.694 \cdot 10^{-27} \, \mathrm{kg/proceso}} = 2.079 \cdot 10^{56} \, \text{procesos}$$

que, dividido por los procesos que se producen por unidad de tiempo, valor calculado en el apartado a), tenemos que el Sol podría continuar emitiendo radiación de la misma forma mediante la combustión de hidrógeno durante $7.37 \cdot 10^{10}$ años[7].

Problema 4.14   *Rama horizontal*

Estimar la duración de la fase de rama horizontal en una estrella de 1 $M_\odot$, suponiendo que al comienzo de esta fase el 10 % de la masa inicial de la estrella está en forma de ^{4}He y que durante esta fase su luminosidad es de 100 $L_\odot$.

Solución

La fase de rama horizontal de una estrella se caracteriza por la combustión de ^{4}He en ^{12}C en su núcleo.

Primero, vamos a calcular la energía producida en cada una de estas reacciones, conociendo que las masas de ^{4}He y ^{12}C son, respectivamente, 4.0026 y 12.0000 u:

$$\begin{aligned} E = \Delta m \, c^2 &= \; [(3 \cdot 4.0026) - 12.0000] 1.6605 \cdot 10^{-27} c^2 \\ &= \; 1.166 \cdot 10^{-12} \, \mathrm{J/proceso} \end{aligned}$$

Por tanto, si el 10 % de la masa inicial de la estrella está compuesta por ^{4}He, el número total de procesos que pueden producirse, teniendo en cuenta que en cada uno de ellos participan 3 partículas α (núcleos de He):

$$N = \frac{1}{3} \frac{0.1 \, M_\odot}{4.026 \, \mathrm{u}} = \frac{0.1 \cdot 1.98841 \cdot 10^{30} \, \mathrm{kg}}{3 \cdot 4.026 \cdot 1.6605 \cdot 10^{-27} \, \mathrm{kg}} \approx 10^{55} \, \text{procesos}$$

Si multiplicamos el número de procesos por la energía producida en cada uno de ellos, tenemos la energía total disponible

7: Este problema es una simplificación de lo que ocurre realmente, ya que el ritmo de las reacciones nucleares no es constante. El Sol está aumentando su luminosidad al necesitar más presión y temperatura para fusionar el hidrógeno en las partes externas del núcleo. Aún así, obtenemos un orden de magnitud similar al valor real, que se estima es de 10^{10} años. Además, debemos tener en cuenta que en la secuencia principal solo se consume el H del núcleo del Sol, no el de toda la estrella.

para estas reacciones:

$$E = 1.166 \cdot 10^{-12} \, \text{J/proceso} \cdot 10^{55} \, \text{procesos} = 1.166 \cdot 10^{43} \, \text{J}$$

Como emite una energía por unidad de tiempo de 100 $L_\odot$, podemos estimar la duración de esta fase mediante:

$$\Delta t = \frac{E}{L} = \frac{1.166 \cdot 10^{43} \, \text{J}}{100 \cdot 3.828 \cdot 10^{26} \, \text{J s}^{-1} \cdot 3.156 \cdot 10^7 \, \text{s año}^{-1}}$$

$$= \; 9.7 \cdot 10^6 \, \text{años}$$

Es decir, el Sol estará 9.7 millones de años en la fase de rama horizontal. Un tiempo bastante menor que el que estará en la secuencia principal ($\approx 10^{10}$ años).

Problema 4.15 *Peso molecular medio de una estrella*

Para describir el interior de una estrella usamos la ecuación de estado $P = nk_BT$, donde P es la presión, T la temperatura y n la densidad de partículas. Pero a veces es más útil expresarla en función de la densidad de masa ρ, mediante la expresión

$$n = \frac{\rho}{\mu m_{\text{H}}} \tag{4.11}$$

siendo μ el peso molecular medio de las partículas expresado en unidades de masa del átomo de hidrógeno m_{H}. Calcular:

a) μ para el Sol considerando que está compuesto por un 71 % de hidrógeno, un 27 % de helio y un 2 % de metales, y que la ionización es completa.

b) μ en el Sol para el caso en que no hubiese ionización.

Solución

a) En una estrella como el Sol podemos considerar ionización completa. De esta forma, un átomo con carga Z producirá Z+1 partículas (Z electrones más el núcleo). En el caso del hidrógeno, tenemos 2 partículas, 1 electrón y el núcleo, y su masa en términos de m_{H} es lógicamente igual a 1. Por tanto $\mu_{\text{H}} = 1/2$. Si consideramos el átomo de helio, tendremos 3 partículas (el núcleo más 2 electrones) y su masa es 4 m_H (ya que tiene 2 protones y dos neutrones); por tanto $\mu_{He} = 4/3$. En general, para un átomo de carga Z tenemos $\mu_Z = 2Z/(Z+1)$, que podemos aproximar a 2 en el caso de los metales (átomos más pesados que el helio). Si tenemos en cuenta la ecuación 4.11:

$$n = n_H + n_{He} + n_Z = \frac{\rho}{m_H}\left(\frac{X}{\mu_H} + \frac{Y}{\mu_{He}} + \frac{Z}{\mu_Z}\right)$$

donde X, Y y Z representan al porcentaje en masa de cada uno de los elementos (H, He y metales). De esta forma:

$$\mu = \left(\frac{X}{\mu_H} + \frac{Y}{\mu_{He}} + \frac{Z}{\mu_Z}\right)^{-1}$$

Por tanto, si tenemos ionización completa:

$$\mu = \left(\frac{0.71}{1/2} + \frac{0.27}{4/3} + \frac{0.02}{2}\right)^{-1} = 0.61$$

b) En caso de que no hubiese ionización, las partículas son los propios átomos, por lo que $\mu_H = 1$, $\mu_{He} = 4$ y $\mu_Z = 2Z$. De esta forma:

$$\mu = \left(\frac{0.71}{1} + \frac{0.27}{4} + \frac{0.02}{2Z}\right)^{-1} \approx 1.29$$

ya que podemos considerar que el tercer sumando es mucho menor que los dos anteriores.

Problema 4.16   *Las nubes protoestelares*

Considerar dos nubes en el medio interestelar, una de hidrógeno atómico (HI) y otra de hidrógeno molecular (H_2). La nube de HI tiene una temperatura $T = 120\,\mathrm{K}$ y densidad de partículas (átomos en este caso) de $n = 10^7\,\mathrm{m}^{-3}$. Las propiedades de la nube de H_2 son $T = 10\,\mathrm{K}$ y $n = 10^{12}\,\mathrm{m}^{-3}$. Calcular para ambas nubes:

a) La masa de Jeans, es decir, la masa mínima que debería tener la nube para iniciar la contracción.
b) El radio de Jeans; radio que tendrá la nube con la masa de Jeans.
c) La escala temporal del colapso gravitatorio.

Solución

a) La masa de Jeans M_J es la masa mínima que debería tener una nube de gas para que la fuerza gravitatoria de la propia nube supere a la presión del gas y se pueda producir la contracción y colapso que dé lugar a la formación estelar. Se obtiene a partir del teorema del virial y depende de la temperatura (T) y densidad de la nube (ρ):

$$M_J = \left(\frac{5k_B}{\mu m_H G} \right)^{3/2} \frac{T^{3/2}}{\sqrt{\rho}} \left(\frac{3}{4\pi} \right)^{1/2}$$

Si consideramos la temperatura en K y la densidad de partículas en cm^{-3} tenemos una sencilla expresión para dicha masa:

$$M_J[M_\odot] \approx \frac{90}{\mu^2} \sqrt{\frac{T[K]^3}{n[cm^{-3}]}}$$

donde μ es el peso molecular medio de las partículas que componen el gas, en función de la masa del átomo de hidrógeno m_H. El resultado vendrá dado en $M_\odot$.

Calculamos la masa de Jeans en ambas nubes a partir de los datos del enunciado:

- Nube de HI:

$$M_J = \frac{90}{1} \sqrt{\frac{120^3}{10}} \, M_\odot = 3.7 \cdot 10^4 \, M_\odot$$

- Nube de H_2:

$$M_J = \frac{90}{4} \sqrt{\frac{10^3}{10^6}} \, M_\odot = 0.7 \, M_\odot$$

Como vemos, la masa mínima para que se produzca el colapso y comience la formación estelar es mucho más pequeña en el caso de estar compuesta por hidrógeno molecular, ya que entonces la temperatura es menor y la densidad mayor.

b) Vamos a calcular ahora el radio mínimo que deberían tener estas nubes para colapsar, considerando que la nube es esférica:

$$R_J = \left(\frac{3M_J}{4\pi\rho}\right)^{1/3} = \left(\frac{3M_J}{4\pi\mu m_H n}\right)^{1/3}$$

Sustituyendo los resultados para la masa obtenidos en el apartado anterior para cada una de las nubes, su densidad y temperatura, y sabiendo que μ es igual a 1 para el HI y 2 para el H_2, obtenemos

$$R_J = 1.5 \cdot 10^9 \, R_\odot \text{ para la nube de HI y}$$

$$R_J = 6.7 \cdot 10^5 \, R_\odot \text{ para el } H_2.$$

Con los datos obtenidos, tanto para la masa como para el radio de la nube, deducimos que las estrellas se formarán principalmente en las nubes frías de hidrógeno molecular.

c) Por último, vamos a deducir la escala temporal en la que se producirá esta formación, denominada escala de tiempo dinámica τ_d y que no es más que la escala temporal de caída libre por autogravitación (ver, p.e. el libro *Galactic Dynamics*, J. Binney y S. Tremaine, Princeton University Press):

$$\tau_d = \sqrt{\frac{3\pi}{16G\rho}} \approx \left(\frac{R^3}{GM}\right)^{1/2}$$

Si tenemos en cuenta los valores encontrados para el radio y la masa de Jeans en los apartados anteriores, calculamos que

$$\tau_d = 1.6 \cdot 10^7 \text{ años para las nubes de HI, y}$$

$$\tau_d = 3.3 \cdot 10^4 \text{ años para las nubes de } H_2.$$

Problema 4.17 *El teorema del virial*

Demostrar el teorema del virial para el caso de interacción gravitatoria, haciendo uso de las ecuaciones del interior estelar. Recordar que para un gas ideal se cumple la relación $3P = 2U/V$, siendo P la presión del gas, V el volumen que ocupa y U su energía interna.

Solución

El teorema del virial establece la siguiente relación entre la energía cinética y la energía potencial promedio de un sistema sujeto a interacciones gravitatorias internas:

$$2\langle E_{cin}\rangle + \langle E_{pot}\rangle = 0$$

que también se suele escribir de la forma:

$$2U + \Omega = 0$$

siendo U la energía cinética promedio y Ω la energía potencial promedio.

Partimos de la ecuación de equilibrio hidrostático (ecuación 4.4), y multiplicamos a ambos lados por $4\pi r^3$:

$$4\pi r^3 dP = -\frac{GM_r\rho}{r^2}4\pi r^3 dr = -\frac{GM_r}{r}dM_r$$

(para el último término hemos tenido en cuenta la ecuación de continuidad de la masa, ecuación 4.5).

Si integramos ambos miembros, el de la derecha nos da la energía potencial Ω; en cuanto al primer término, realizamos una integral por partes:

$$\int_{P=P_0}^{P=0} 4\pi r^3 dP = P4\pi r^3\big|_{r=0,P=P_0}^{r=R,P=0} - \int_{r=0}^{r=R} 3P4\pi r^2 dr$$

$$= -\int_{r=0}^{r=R} 3P4\pi r^2 dr = -\int_V 3P dV$$

$$= -\int_V 2\left(\frac{U}{V}\right)_r dV = -2U$$

donde se ha usado que $(U/V)_r$ es la densidad volúmica de energía interna en cada capa de estrella, con lo que la integral extendida a todo su volumen es U. Juntando los resultados de ambos miembros, obtenemos que $-2U = \Omega$, y por tanto hemos demostrado que $2U + \Omega = 0$, que es el enunciado del teorema del virial.

Problema 4.18   *El calor específico de las estrellas*

Usando el teorema del virial para el caso de interacción gravitatoria, ¿por qué se dice que las estrellas son sistemas con calor específico negativo? Razonar la respuesta.

Solución

Usando para la energía cinética promedio la expresión:

$$U = \frac{3}{2}PV = \frac{3}{2}NRT$$

con N el número de partículas y R la constante de los gases, y el teorema del virial ($2U + \Omega = 0$, ver el problema 4.17), obtenemos que la energía total del sistema:

$$E = \Omega + U = -U = -\frac{3}{2}NRT \Rightarrow \left(\frac{\partial E}{\partial T}\right)_V < 0$$

Es decir, cuando una estrella gana energía total, su temperatura disminuye, mientras que cuando pierde energía total (por ejemplo al emitir fotones provenientes de la conversión de su masa en energía), la temperatura aumenta. En ese sentido es en el que se dice que las estrellas tienen un calor específico negativo, a pesar de que el calor específico de verdad, $(1/N)(\partial U/\partial T)_V$, sí es una cantidad positiva.

Problema 4.19   *El calentamiento de las estrellas*

En las estrellas de la secuencia principal, utilizar el teorema del virial para deducir si las estrellas se calientan o se enfrían con el tiempo. Recordar que la energía interna es $U = (3/2)NRT$.

Solución

El razonamiento es análogo al problema 4.18; solamente hay que añadir que la relación entre la luminosidad y la energía de la estrella es:

$$L = -\frac{\Delta E}{\Delta t}$$

es decir, la luminosidad se define como la energía por unidad de tiempo que la estrella emite y por tanto pierde, de ahí el signo menos. Por el teorema del virial $E = -U = -\frac{3}{2}NRT$ (ver problema 4.18). Tomando incrementos en esta expresión se obtiene

$$\Delta E = -\frac{3}{2}NR\Delta T \Rightarrow L\Delta t = \frac{3}{2}NR\Delta T \Rightarrow \Delta T/\Delta t > 0$$

por tanto, las estrellas al ir perdiendo masa (y por tanto energía) se calientan con el tiempo.

Problema 4.20   *Neutrinos solares*

Estimar el flujo de neutrinos solares que recibe una persona.

Solución

El Sol tiene una luminosidad de $3.828 \cdot 10^{26}$ W que, teniendo en cuenta $E = mc^2$, corresponde a la conversión de $4.26 \cdot 10^6$ toneladas de masa en energía cada segundo. Como la conversión de hidrógeno en helio tiene un rendimiento en energía del $0.7\,\%$, se están convirtiendo cada segundo 600 millones de toneladas de hidrógeno en 596 millones de toneladas de helio (ver problema 4.13).

En la conversión de hidrógeno a helio (cadena protón-protón, que convierte 4 protones en un núcleo de ^{4}He) hay dos desintegraciones beta que producen un neutrino cada una (dos neutrinos por cada cuatro protones), con lo que esos 600 millones de toneladas de hidrógeno, que en protones son

$$\frac{600 \cdot 10^9\,\mathrm{kg}}{1.6726 \cdot 10^{-27}\,\mathrm{kg/protón}} = 3.6 \cdot 10^{38}\ \text{protones}$$

producen un número de neutrinos por segundo en el Sol que

podemos calcular de forma sencilla:

$$N = \frac{2\,\text{neutrinos}}{4\,\text{protones}} \cdot 3.6 \cdot 10^{38}\,\text{protones/s} = 1.8 \cdot 10^{38}\,\text{neutrinos/s}$$

El flujo de neutrinos que llega a la Tierra sigue la ley del inverso del cuadrado de la distancia (dada su insignificante sección eficaz, no hay apenas absorción a estas distancias). Lo podemos calcular considerando una esfera de radio $r = 1\,\text{UA} = 1.496 \cdot 10^{11}$ m de la forma:

$$f = \frac{N}{4\pi r^2} = \frac{1.8 \cdot 10^{38}\,\text{neutrinos/s}}{4\pi(1.496 \cdot 10^{11}\text{m})^2} = 6.4 \cdot 10^{14}\,\frac{\text{neutrinos}}{\text{m}^2\,\text{s}}$$

es decir, unos 64000 millones de neutrinos por cada centímetro cuadrado y cada segundo. Como el área de una persona es aproximadamente $2\,\text{m}^2$, pero solamente recibe neutrinos solares por uno de los lados, una persona recibe $6.4 \cdot 10^{14}$ neutrinos solares en cada segundo, unos seiscientos billones de neutrinos solares cada segundo.

Problema 4.21 *La relación masa-luminosidad*

Usando el método de integración en un solo paso en las ecuaciones del interior estelar, obtener la relación masa-luminosidad $L \propto M^3$ de las estrellas de la secuencia principal.

Solución

En la ecuación 4.10 vimos un ejemplo de utilización de este método para el caso de la ecuación de equilibrio hidrostático. Se puede proceder de la misma forma en todas las ecuaciones. Si lo hacemos en la del gradiente de temperatura, considerando transporte radiativo[8], y prescindimos de las constantes universales y matemáticas, obtenemos:

$$T_0^4 \propto \frac{L\rho_0}{R} \tag{4.12}$$

Tenemos que eliminar la temperatura para que no aparezca esa dependencia en el resultado final, y la ecuación de estado nos

8: Suponiendo que el transporte por radiación es el proceso dominante, lo cual ocurre en el núcleo de estrellas de la secuencia principal con masas $0.5\,M_\odot \lesssim M \lesssim 1.5\,M_\odot$, y fuera del núcleo en estrellas de la secuencia principal con masas mayores.

dice que

$$T_0 \propto \frac{P_0}{\rho_0} \qquad (4.13)$$

Pero si integramos la ecuación de equilibrio hidrostático, obtenemos:

$$\frac{P_0}{\rho_0} \propto \frac{M}{R} \qquad (4.14)$$

con lo que sustituyendo en la ecuación 4.12 obtenemos:

$$\left(\frac{M}{R}\right)^4 \propto \frac{L\rho_0}{R}$$

Finalmente, podemos eliminar ρ_0 integrando la ecuación de continuidad de la masa, que nos dice que $\rho_0 \propto M/R^3$. Sustituyendo en el resultado anterior, obtenemos finalmente que

$$\left(\frac{M}{R}\right)^4 \propto L\frac{M}{R^4}$$

Como vemos, la dependencia en R se cancela y se obtiene finalmente que

$$L \propto M^3$$

que es la relación que queríamos demostrar[9]. Como el Sol cumple esta misma relación (con la misma constante de proporcionalidad), convertimos esta relación de proporcionalidad en una ecuación:

$$L = \left(\frac{M}{M_\odot}\right)^3 L_\odot$$

Podemos generalizar esta expresión de la forma

$$L = \left(\frac{M}{M_\odot}\right)^x L_\odot$$

donde ese factor x varía ligeramente, dependiendo de la masa de la estrella. Los valores más utilizados son 3 o 3.5.

9: A partir de las ecuaciones 4.13 y 4.14, si consideramos que la temperatura central de la estrella (T_0) es aproximadamente la misma para todas las estrellas de la secuencia principal, obtenemos la relación $M \propto R$ para estrellas en esta etapa evolutiva.

Problema 4.22 *El tiempo de vida de una estrella*

Usando el método de integración en un solo paso en las ecuaciones del interior estelar, obtener la relación del tiempo de vida de una estrella en la secuencia principal con su masa, explicando cada paso.

Solución

Podemos obtener una relación válida en orden de magnitud si usamos la relación masa-luminosidad obtenida en el problema anterior, y suponemos que las estrellas brillan con luminosidad constante durante toda su vida[10].

Bajo la hipótesis anterior, podemos escribir que la luminosidad es proporcional a la energía consumida entre el tiempo de vida de la estrella:

$$L = \frac{E}{t} = \frac{\Delta M \, c^2}{t}$$

donde hemos tenido en cuenta que la energía de las estrellas viene de las reacciones nucleares de fusión, que transforman masa en energía, mediante la relación $E = \Delta M \, c^2$ (ver problema 4.13). Si despejamos el tiempo de vida de la estrella:

$$t = \frac{\Delta M \, c^2}{L} = \frac{0.1 \, M \, 0.007 \, c^2}{L} \propto \frac{M}{L}$$

expresión en la que hemos tenido en cuenta que las reacciones nucleares de fusión tienen una eficiencia (energía producida por unidad de masa inicial) en torno al 0.7 %, ya que no toda la masa se transforma en energía, sino que el hidrógeno consumido se convierte en una masa inferior de helio. Además, hemos considerado que no se producen reacciones nucleares por toda la estrella, sino solamente en su parte central, que denominamos el *núcleo* de la estrella, que tiene una masa del orden del 10 % de la masa total de la misma[11].

Pero la relación masa-luminosidad nos dice que $L \propto M^3$, con lo que sustituyendo obtenemos que la relación entre el tiempo de vida de una estrella y su masa es

$$t \propto \frac{1}{M^2}$$

Como el tiempo de vida del Sol en la secuencia principal

10: Lo cual no es del todo correcto, porque sabemos que el Sol está aumentando su brillo con el paso del tiempo y evaporará los océanos dentro de mil millones de años: esto es debido a que el helio producido en la fusión nuclear es más denso que el hidrógeno, lo cual aumenta la presión y por tanto el ritmo de las reacciones nucleares.

11: Notar que aquí se usan dos acepciones distintas de la palabra *núcleo*: el núcleo de la estrella es donde se producen las reacciones de fusión nuclear en la fase de secuencia principal.

es $t_\odot \approx 0.1\,M_\odot\,0.007\,c^2/L_\odot = 10^{10}$ años (de los que ya ha vivido aproximadamente la mitad, por lo que faltan otros 5000 millones de años antes de convertirse en una estrella gigante roja), y el Sol ha de cumplir también dicha relación con la misma constante de proporcionalidad, podemos expresar esta relación de proporcionalidad como una ecuación:

$$t = \left(\frac{M}{M_\odot}\right)^{-2} t_\odot \tag{4.15}$$

siendo $t_\odot \approx 10^{10}$ años.

Problema 4.23   *Modelando el interior estelar*

Si la densidad de masa de una estrella varía con el radio como:

$$\rho(r) = \rho_0\left[1 - \left(\frac{r}{R}\right)^2\right]$$

donde R es el radio de la estrella, encontrar la masa de la estrella y su densidad media.

Solución

Si esta expresión nos indica cómo cambia la densidad con el radio de la estrella, calculamos la masa M_r dentro de un radio r como:

$$
\begin{aligned}
M_r &= \int_0^r \rho(r)4\pi r^2 dr = 4\pi\rho_0 \int_0^r \left(1 - \frac{r^2}{R^2}\right)r^2 dr \\
&= 4\pi\rho_0\left[\frac{r^3}{3} - \frac{r^5}{5\,R^2}\right]
\end{aligned}
$$

Por lo que la masa total de la estrella $M = M_r(r = R)$ será:

$$M = \frac{8\pi\rho_0}{15}R^3$$

y su densidad media:

$$\bar{\rho} = \frac{3M}{4\pi R^3} = \frac{2}{5}\rho_0$$

Problema 4.24 *Zonas radiativas y convectivas*

En la mayor parte de una estrella de masa similar a la del Sol, el transporte de energía es radiativo hasta un radio R', a partir del cual predomina el transporte convectivo, siendo $R' \sim 0.7 R_\odot$. Describir cómo varía la densidad, temperatura y presión dentro de la zona convectiva.

Solución

Sabemos que la capa convectiva disminuye de tamaño cuando la estrella es más masiva. También que la densidad de la estrella disminuye con la coordenada radial, por lo que la contribución de esa zona convectiva a la masa total de la estrella es muy pequeña (en el caso de Sol contiene $\approx 2\,\%$ de la masa total). Por tanto, podemos considerar en este caso que la masa dentro de un radio r (M_r, con $r > R'$) es $M_\odot$.

La variación de temperatura T en el interior de una estrella debida al transporte convectivo es:

$$\frac{dT}{dr} = \left(1 - \frac{1}{\gamma}\right) \frac{T}{P} \frac{dP}{dr} \tag{4.16}$$

por tanto, está relacionada con la variación de presión, P, y con el coeficiente adiabático γ. Si tenemos en cuenta en la expresión anterior la ecuación de equilibrio hidrostático, $dP/dr = -GM_r\rho/r^2$, tenemos

$$\frac{dT}{dr} = -\left(1 - \frac{1}{\gamma}\right) \frac{T}{P} \frac{GM_\odot\rho}{r^2}$$

Considerando la ecuación de estado, $P = \rho k_B T/(\mu m_H)$, donde k_B es la constante de Boltzmann y μ el peso molecular medio de las partículas expresado en unidades de masa del átomo de hidrógeno m_H, reescribimos la expresión anterior:

$$\frac{dT}{dr} = \left(\frac{1}{\gamma} - 1\right) \frac{G\mu m_H M_\odot}{k_B} \frac{1}{r^2}$$

Integramos entre r y $R_\odot$ y tenemos en cuenta que la temperatura en la superficie de la estrella es despreciable frente a la temperatura de la capa convectiva, con lo que obtenemos la variación de T en función de r:

$$T(r) = \left(\frac{1}{\gamma} - 1\right) \frac{G\mu m_H M_\odot}{k_B} \left(\frac{1}{R_\odot} - \frac{1}{r}\right)$$

Para calcular cómo varía la presión P, consideramos de nuevo la ecuación 4.16:

$$\frac{1}{T}\frac{dT}{dr} = \left(1 - \frac{1}{\gamma}\right)\frac{1}{P}\frac{dP}{dr} \Rightarrow T \propto P^{1-\frac{1}{\gamma}} \Rightarrow P \propto T^{\frac{\gamma}{\gamma-1}}$$

de forma que:

$$P(r) \propto \left[\left(\frac{1}{\gamma} - 1\right) \frac{G\mu m_H M_\odot}{k_B} \left(\frac{1}{R_\odot} - \frac{1}{r}\right)\right]^{\frac{\gamma}{\gamma-1}} \propto \left(\frac{1}{R_\odot} - \frac{1}{r}\right)^{\frac{\gamma}{\gamma-1}}$$

y teniendo en cuenta de nuevo la ecuación de estado, obtenemos cómo cambia la densidad con la distancia al centro de la estrella en la capa convectiva:

$$\rho(r) = \frac{\mu m_H}{k_B}\frac{P(r)}{T(r)} \propto \left(\frac{1}{R_\odot} - \frac{1}{r}\right)^{\frac{1}{\gamma-1}}$$

Problema 4.25   *Estrellas enanas blancas relativistas*

La ecuación de estado para un sistema degenerado de electrones nos da la presión de Fermi de electrones, que es

$$P_e = 0.0485 \frac{h^2 n_e^{5/3}}{m_e}$$

y, en el caso de que el sistema sea relativista

$$P_e = 0.123 h c n_e^{4/3}$$

donde m_e es la masa de un electrón, h la constante de Planck y n_e la densidad de electrones en el sistema.

Una enana blanca es de este tipo, por lo que debemos utilizar las expresiones anteriores. No obstante, a veces es más conveniente ponerlas en función de la densidad de masa ρ.

a) Si consideramos una enana blanca no relativista, con neutralidad macroscópica, expresar P_e en función de ρ, Z (número atómico), A (número másico) y m_H ($\approx$ masa del protón).

b) Si la densidad de una enana blanca típica es $10^9 \, \mathrm{kg \, m^{-3}}$ (1 tonelada por centímetro cúbico) y su temperatura interna media de 10^7 K, calcular la presión térmica y la presión de Fermi.

c) Calcular la densidad de partículas n_e que debe tener la enana blanca para considerarla relativista.

Solución

a) Llamamos n_i a la densidad de iones en la estrella. La densidad en masa de la enana blanca es por tanto

$$\rho = A m_p n_i + m_e n_e \approx A m_p n_i$$

ya que la masa del electrón (m_e) es mucho menor que la masa del protón (m_p). Como la densidad de electrones es $n_e = Z n_i$, si tenemos en cuenta la expresión anterior

$$n_e = \frac{Z\rho}{A m_p}$$

Sustituyendo n_e en la ecuación de estado:

$$P_e = 0.0485 \frac{h^2}{m_e} \left(\frac{Z\rho}{A m_p} \right)^{5/3}$$

b) Para una enana blanca típica, considerando que está compuesta de carbono ($A = 12$, $Z = 6$), sustituimos en la expresión del apartado anterior para obtener

$$P_e = 3.13 \cdot 10^{21} \text{ Pa}$$

Comparamos esta presión de Fermi con la presión térmica, que es

$$P = n_e kT = \frac{Z\rho}{Am_p} k_B T = 4.1 \cdot 10^{19} \text{ Pa}$$

Como vemos, es 2 órdenes de magnitud menor que la presión de Fermi, por lo que podemos no considerar la presión térmica en la ecuación de estado de estos objetos.

c) En una enana blanca el tamaño disminuye cuando la masa es mayor. Si cae material interestelar sobre una enana blanca, su tamaño disminuye y la densidad de masa (y, por tanto, la densidad de electrones) aumenta hasta el punto de convertirse en un sistema relativista. Esto se produciría a una densidad que obtenemos igualando las expresiones de la ecuación de estado no relativista y relativista:

$$0.0485 \frac{h^2 n_e^{5/3}}{m_e} = 0.123 \, hc n_e^{4/3} \Rightarrow n_e = 1.138 \cdot 10^{36} \text{ m}^{-3}$$

Problema 4.26 *El límite de Chandrasekhar*

Usando el método de integración en un solo paso de las ecuaciones del interior estelar, determinar la relación masa - radio de una estrella enana blanca relativista sabiendo que la ecuación de estado es $P = K\rho^{4/3}$. Sustituir el valor[12] $K = 1.57 \cdot 10^{10} \text{ kg}^{-1/3} \text{ m}^3 \text{ s}^{-2}$ y, expresando la masa en unidades de la masa del Sol, interpretar el resultado.

12: En realidad, según los datos del problema 4.25, la constante es unas 3 veces menor, $K = 4.9 \cdot 10^9 \text{ kg}^{-1/3} \text{ m}^3 \text{ s}^{-2}$, pero como el problema se va a resolver empleando un método aproximado, hemos modificado la constante para que el resultado final sea correcto.

Solución

Repetimos los pasos del problema 4.21 pero con la nueva ecuación de estado, y además mantendremos las constantes de proporcionalidad durante el cálculo. En este caso nos piden la relación masa-radio, con lo que tenemos que eliminar de estas relaciones la presión central y la densidad central. La ecuación de estado nos dice que:

$$P_0 = K\rho_0^{4/3}$$

mientras que la integración en un solo paso de la ecuación de equilibrio hidrostático nos da esta otra relación:

$$P_0 = \frac{GM\rho_0}{R}$$

Igualando ambas expresiones y despejando ρ_0, tenemos:

$$\rho_0 = \left(\frac{GM}{KR}\right)^3 \tag{4.17}$$

La integración en un solo paso de la ecuación de continuidad nos dice que:

$$M = \frac{\pi}{2}\rho_0 R^3$$

y sustituyendo ρ_0 según la ecuación 4.17, se obtiene:

$$M = \frac{\pi}{2}\frac{G^3 M^3}{K^3}$$

con lo que la dependencia en R se cancela. Es decir, en el límite relativista, todas las estrellas enanas blancas tienen la misma masa:

$$M = \left(\frac{2}{\pi}\right)^{1/2}\left(\frac{K}{G}\right)^{3/2}$$

Sustituyendo el valor que nos dan para la constante K se obtiene una masa $M = 2.87 \cdot 10^{30}$ kg, que son aproximadamente 1.44 masas solares. A este valor se le conoce como *límite de Chandrasekhar*, y es el valor máximo que puede alcanzar la masa de una enana blanca.

La estrella enana blanca más cercana a la Tierra es Sirio B, que forma un sistema binario con la estrella más brillante del cielo nocturno, Sirio[13]. Sirio B tiene una masa de 1.02 $M_\odot$, que efectivamente se encuentra por debajo del límite calculado.

13: El nombre de Sirio viene del griego $\Sigma\varepsilon\acute{\iota}\varrho\iota\sigma\varsigma$, *la abrasadora*, porque en un tiempo se creyó que las altas temperaturas del verano se debían a la presencia de esta estrella en el cielo de las noches estivales. De hecho de ahí también viene el nombre de *canículas* ya que Sirio es la estrella más brillante de la constelación del Can Mayor.

Problema 4.27 *Presión central en enanas blancas*

Para una estrella enana blanca no relativista, sabiendo que su ecuación de estado es $P = K\rho^{5/3}$ y usando el método de integración en un solo paso de las ecuaciones del interior estelar, determinar la relación entre los siguientes parámetros:

- La presión central de la estrella y su radio.
- La masa total de la estrella y su radio.

Solución

En las estrellas enanas blancas no tiene sentido ni la ecuación de balance de energía ni la de transporte radiativo, ya que no hay apenas generación de energía mediante reacciones nucleares, y el transporte de energía ocurre por conducción. Nos piden la relación presión central-radio, con lo que tenemos que eliminar la dependencia en la densidad central y en la masa total de la estrella. La ecuación de estado nos dice que:

$$\rho_0 \propto P_0^{3/5}$$

e integrando en un solo paso la ecuación de continuidad o distribución de masa (ecuación 4.5) obtenemos:

$$M \propto \rho_0 R^3 \propto P_0^{3/5} R^3 \tag{4.18}$$

Finalmente, la integración en un solo paso de la ecuación de equilibrio hidrostático (ecuación 4.4) nos da:

$$P_0 \propto \frac{M\rho_0}{R} \propto \frac{P_0^{3/5} R^3 P_0^{3/5}}{R} \propto P_0^{6/5} R^2$$

de donde

$$P_0 \propto R^{-10}$$

con lo que cambios pequeños en el radio implican cambios muy grandes en la presión central. Sustituyendo en la ecuación 4.18 obtenemos que la relación masa-radio es

$$M \propto R^{-3}$$

decreciente con la masa, con lo que si una estrella enana blanca sigue acretando masa, disminuirá su radio y aumentará enormemente su presión central.

Por tanto, lo que soporta el peso de la estrella (la presión de degeneración debido al principio de exclusión de Pauli de los electrones) dejará de ser efectivo, y será energéticamente favorable convertir electrones y protones en neutrones y neutrinos. Esto hace que la estrella enana blanca colapse sobre sí misma en una explosión de supernova cuyo remanente es una estrella de neutrones, ahora soportada por el principio de exclusión de Pauli de los neutrones.

Problema 4.28   *La estrella Vega*

Vega es una de las estrellas más brillantes del cielo y la principal de la constelación de la Lira. Su magnitud aparente es $m_V = 0.00$, y su paralaje es $0.13''$. Sabiendo que tiene un color $B - V \approx 0.0$, lo cual corresponde a una temperatura efectiva $T_{\text{ef}} = 9600$ K, estimar:

a) La luminosidad de la estrella en luminosidades solares. *Nota:* Ignorar las correcciones bolométricas de Vega y del Sol.
b) El radio de la estrella en radios solares.
c) El tiempo de vida de Vega en la secuencia principal.
d) Su posición en el diagrama HR. ¿Cuál sería su tipo espectral?

Solución

a) Como conocemos el brillo aparente, necesitamos la distancia para poder conocer la magnitud absoluta y así determinar la luminosidad. A partir de la paralaje, $\Pi = 0.13''$, calculamos la distancia:

$$r = \frac{1}{0.13} \text{ pc} = 7.69 \text{ pc}$$

Usando la expresión del módulo de distancia obtenemos que

la magnitud absoluta es:

$$M_V = m_V - 5\log\left(\frac{r}{10\,\text{pc}}\right) = 0 - (-0.57) = +0.57$$

que, teniendo en cuenta que la magnitud absoluta solar en la banda V es $M_{V,\odot} = +4.83$, corresponde a una luminosidad[14]:

$$L = 10^{-0.4(M-M_\odot)}\,L_\odot = 10^{1.7}\,L_\odot = 50\,L_\odot$$

b) Para determinar el radio de la estrella aplicamos la relación entre el flujo emitido en su superficie y su temperatura efectiva:

$$L = 4\pi R^2 \sigma T_{\text{ef}}^4$$

siendo σ la constante de Stefan-Boltzmann. Despejando, se obtiene la siguiente expresión para el radio:

$$R = \sqrt{\frac{L}{4\pi\sigma T_{\text{ef}}^4}}$$

Es importante darse cuenta de que aquí no merece la pena trabajar en unidades solares, ya que la constante de Stefan-Boltzmann se suele indicar en unidades del Sistema Internacional (alternativamente ver el siguiente ejercicio, que realiza el cálculo usando la temperatura efectiva del Sol). En ese caso, tras convertir la luminosidad anterior a vatios $L = 1.9 \cdot 10^{28}$ W, se obtiene un radio de $R = 1.77 \cdot 10^9$ m, es decir, aproximadamente 2.5 radios solares (el valor estimado está entre 2.3 y 2.8 radios solares).

c) El tiempo de vida de una estrella de la secuencia principal (desde que se forma hasta que consume todo el hidrógeno de su parte central) se puede estimar con la siguiente relación (ver ecuación 4.15):

$$t = \left(\frac{M}{M_\odot}\right)^{-2} t_\odot$$

siendo $t_\odot \approx 10^{10}$ años. Nos hace falta saber la masa de la estrella, la cual desconocemos, pero podemos aplicar la relación masa-luminosidad de las estrellas de la secuencia principal $L \propto M^3$, aunque el exponente depende de la masa (ver problema 4.21)

14: Si tenemos en cuenta una corrección bolométrica de -0.092 mag para el Sol y -0.155 mag para Vega obtenemos $L = 53.7\,L_\odot$. No obstante, los modelos indican que la luminosidad bolométrica real de Vega está en torno a 45–47 $L_\odot$, con lo que vamos a dar por bueno el valor encontrado.

para tener una estimación de la misma:

$$\frac{L}{L_\odot} = \left(\frac{M}{M_\odot}\right)^3 \implies M = \left(\frac{L}{L_\odot}\right)^{1/3} M_\odot = 3.7 \, M_\odot$$

En realidad, con modelos estelares se obtiene un valor algo más bajo, pero aquí solamente necesitamos una estimación. Sustituyendo en la expresión que nos da el tiempo de vida de una estrella en la secuencia principal, t, su valor en el caso de la estrella Vega es:

$$t = (3.7)^{-2} t_\odot = 0.073 \cdot 10^{10} \text{ años}$$

es decir, 730 millones de años. Las estimaciones actuales del tiempo de vida de Vega son algo menores que mil millones de años, valor no muy diferente del cálculo aproximado que acabamos de realizar.

d) La figura 4.4 muestra el diagrama HR.

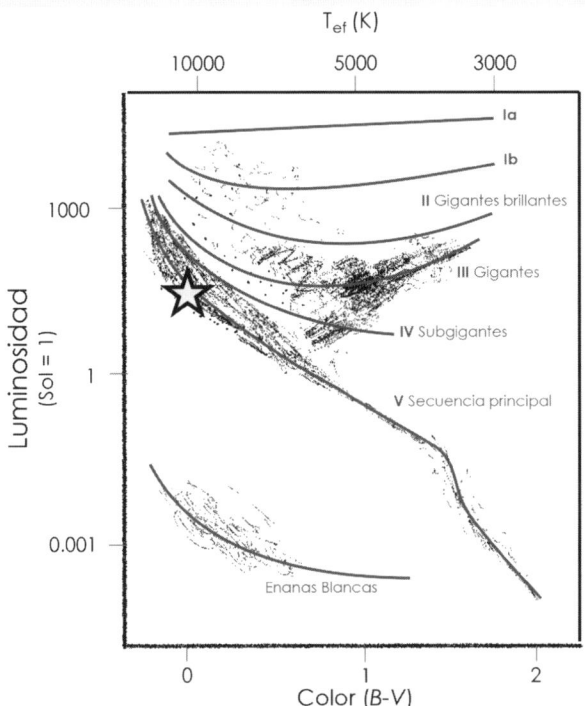

Figura 4.4: Esquema de diagrama Hertzsprung-Russell de una galaxia similar a la Vía Láctea, en el que representamos la luminosidad frente al color. Vega aparece con un símbolo en forma de estrella.

Como vemos en la figura, por su color (T_{ef}) y la magnitud absoluta calculada en a), se trata de una estrella de tipo espectral *A* y clase de luminosidad *V*, es decir, está aún en la secuencia principal.

Problema 4.29   *Albireo*

Llamamos Albireo a una estrella de la constelación del Cisne, que está a una distancia de 115 pc; en particular, es una de las que forman el asterismo de la Cruz del Norte. Pero en realidad se trata de un sistema formado por tres estrellas, cuya componente principal tiene una magnitud aparente visual $m_V = 3.21$. Determinar su posición en el diagrama Hertzsprung-Russell (HR) sabiendo que su radio es de 50 $R_\odot$ y que tiene una corrección bolométrica $CB = -0.16$.

Solución

Para situar la estrella en el diagrama HR debemos conocer su temperatura efectiva T_{ef} o color, y su luminosidad L.

Podemos calcular L a partir de la magnitud absoluta bolométrica, ya que conocemos m_V, r y su CB:

$$M_V = m_V - 5\log r + 5 = 3.21 - 5 \cdot \log(115) + 5 = -2.09$$

$$M_{bol} = CB + M_V = -0.16 - 2.09 = -2.25$$

$$L = 10^{\frac{M_{bol,\odot} - M_{bol}}{2.5}} L_\odot = 625\, L_\odot$$

Y para la T_{ef} consideramos la relación entre ésta, su radio R y su L:

$$T_{ef} = \left(\frac{L}{L_\odot}\right)^{1/4} \left(\frac{R_\odot}{R}\right)^{1/2} T_{ef,\odot} = 4085\,\text{K}$$

Situamos esta estrella en el diagrama HR de la Vía Láctea (ver figura 4.4). Como vemos, se trata de una estrella de tipo espectral *K* y clase de luminosidad *II − III*, es decir, se trata de una estrella gigante que ya no está en la secuencia principal.

Problema 4.30 *Edad de un sistema binario*

Observamos un sistema binario con una paralaje de 0.1″, cuyas componentes tienen la misma masa y una magnitud aparente bolométrica de 0.2 magnitudes cada una. El periodo de su órbita es 20 años y la separación angular entre ambas es $\alpha = 0.72''$. Calcular la edad del sistema si cada estrella ha consumido un 10 % del hidrógeno inicial, sabiendo que la energía producida en la conversión de H a He es $\varepsilon = 6.465 \cdot 10^{18}$ erg g^{-1}.

Solución

Para estimar la edad de una estrella (t) debemos tener en cuenta la energía que produce y la radiación que emite por unidad de tiempo, que llamamos luminosidad de la estrella. Calculamos la energía producida en el interior de cada una de las estrellas (ambas son iguales) sabiendo la energía que se produce por gramo de hidrógeno (ε), y la cantidad de hidrógeno consumido (0.1 m, con m la masa de cada una de las estrellas). Por tanto:

$$t = \frac{E}{L} = \frac{0.1\varepsilon m}{L} \tag{4.19}$$

Podemos calcular la masa de una estrella de un sistema binario haciendo uso de la tercera ley de Kepler, que simplificamos expresando a en UA, $M = 2m$ en $M_\odot$ y el periodo T en años, mediante $a^3 = MT^2$ (ver ecuación 3.18). Conocemos el tamaño angular de a, pero como también sabemos la paralaje de la estrella (Π) es inmediato el cálculo de su tamaño lineal:

$$a = r\,\alpha[\text{rad}] = \frac{1}{\Pi} \cdot 3.49 \cdot 10^{-6} = 3.49 \cdot 10^{-5}\,\text{pc} = 7.2\,\text{UA}$$

Por tanto, la masa del sistema binario es:

$$2m = \frac{a[\text{UA}]^3}{T[\text{años}]^2} = \frac{7.2^3}{20^2} = 0.93\,M_\odot$$

y la masa de cada una de las estrellas es $m = 0.47\,M_\odot$. Podemos calcular la luminosidad de cada estrella, ya que sabemos su magnitud bolométrica aparente y la distancia al sistema binario ($r = 1/\Pi = 10$ pc) y, por tanto, la magnitud bolométrica absoluta. La determinamos comparando este valor con el solar:

$$M_{bol} = m_{bol} - 5\log(r[\text{pc}]) + 5 = 0.2 - 5\log(10) + 5 = 0.2$$

$$L = L_\odot 10^{\left(\frac{M_{bol} - M_{bol,\odot}}{-2.5}\right)} = 65.5\,L_\odot = 2.5 \cdot 10^{28}\,\text{W}$$

Una vez calculadas masa y luminosidad de cada estrella del sistema binario, y sabiendo que

$$\varepsilon = 6.465 \cdot 10^{18}\,\text{erg g}^{-1} \cdot 10^{-7}\,\text{J erg}^{-1} = 6.465 \cdot 10^{11}\,\text{J g}^{-1}$$

podemos estimar su edad a partir de la ecuación 4.19

$$t = \frac{0.1 \cdot 6.465 \cdot 10^{11}\,\text{J g}^{-1} \cdot 0.47\,M_\odot \cdot 1.99 \cdot 10^{33}\,\text{g}\,M_\odot^{-1}}{2.5 \cdot 10^{28}\,\text{W}}$$

$$= 0.24 \cdot 10^{16}\,\text{s} = 8 \cdot 10^{7}\,\text{años}$$

Problema 4.31   *El sistema IK Pegasi y su destino final*

El sistema IK Pegasi está compuesto de una estrella de la secuencia principal de 1.65 masas solares (IK Pegasi A) y una enana blanca de 1.15 masas solares (IK Pegasi B). Sabiendo que el periodo del sistema es 21.72 días, calcular:

a) El semieje mayor de la órbita del sistema binario.
b) El radio de IK Pegasi A.
c) El tiempo de vida de IK Pegasi A.
d) Describir lo que pasará al sistema cuando la estrella de la secuencia principal agote su hidrógeno.

Solución

a) El semieje mayor del sistema lo podemos calcular a partir del periodo usando la tercera ley de Kepler, por ejemplo en la forma expresada en la ecuación 3.18, de donde obtenemos:

$$a = \left[(m_A + m_B)\,T^2\right]^{1/3} = 0.2147\,\text{UA}$$

que es un poco más que la mitad del semieje mayor del sistema Sol-Mercurio.

b) En cuanto al radio de la estrella IK Pegasi A, se puede estimar usando la relación aproximada de las estrellas de la secuencia principal $M \propto R$ (ver nota lateral 9 de este capítulo), con lo que tendrá un radio de aproximadamente 1.65 radios solares:

$$R_A \approx R_\odot \frac{m_A}{M_\odot} = 1.65 R_\odot$$

c) El tiempo de vida total para estrellas de esta masa viene determinado por el tiempo que pasan en la secuencia principal, que puede estimarse con la relación (ver problema 4.22):

$$t = \left(\frac{M}{M_\odot}\right)^{-2} t_\odot = 1.65^{-2} \cdot 10^{10} \text{ años} = 3.67 \cdot 10^9 \text{ años}$$

vemos que es menos de la mitad del tiempo de vida total del Sol al tratarse de una estrella de mayor masa.

d) Cuando la estrella de la secuencia principal agote su hidrógeno se convertirá en gigante roja, aumentando decenas de miles de veces su luminosidad y cientos de veces su tamaño. Como un radio solar son $6.96 \cdot 10^8$ m $= 4.65 \cdot 10^{-3}$ UA (o equivalentemente, 1 UA son 215 radios solares), al convertirse en gigante roja su radio alcanzará la órbita de la enana blanca, que empezará a acretar parte de la masa de la gigante roja. Este proceso de acreción continuará hasta que la enana blanca adquiera una masa mayor que 1.44 masas solares (límite de Chandrasekhar), conviertiéndose en una supernova de tipo Ia.

De hecho, como nuestra distancia al sistema son 154 años luz, IK Pegasi B es la candidata a supernova más cercana a nuestro planeta. No obstante, al ser su distancia mayor que 30 años luz (y además, se aleja a un ritmo de 1 año luz por cada 15000 años), no representa un peligro para la vida en la Tierra.

Problema 4.32   *La densidad de las estrellas de neutrones*

Si la densidad típica de una estrella de neutrones va de $3.7 \cdot 10^{17}$ a $5.9 \cdot 10^{17}$ kg m^{-3}, estimar la masa de un centímetro cúbico de estrella de neutrones y compararlo con la masa de toda la humanidad.

Solución

En orden de magnitud, la densidad de una estrella de neutrones corresponde casi a un neutrón por cada femtómetro cúbico ($1\,\text{fm}^3 = 10^{-45}\,\text{m}^3$), que es equivalente a la densidad de los núcleos atómicos. Así que se puede decir que las estrellas de neutrones son núcleos gigantes (matizando que, en física nuclear, donde la interacción gravitatoria es despreciable, no existen núcleos estables compuestos únicamente de neutrones).

Si multiplicamos esta densidad por el volumen que nos da el enunciado (1 centímetro cúbico) obtenemos la masa, que es entre $3.7 \cdot 10^{11}$ y $5.9 \cdot 10^{11}$ kg. Por otro lado, si una persona promedio pesa entre 60 y 80 kg, y teniendo en cuenta que la población mundial ha sobrepasado los 8000 millones, la masa total de la humanidad está entre $5 \cdot 10^{11}$ y $6 \cdot 10^{11}$ kg, con lo que podemos ver que un centímetro cúbico de estrella de neutrones tiene tanta masa como toda la humanidad.

Problema 4.33   *La evaporación de los agujeros negros*

El tiempo de evaporación de un agujero negro, aunque se trata de una expresión no comprobada experimentalmente, se estima que es

$$t_{\text{ev}} = \frac{5120\pi G^2 M^3}{\hbar c^4} \approx 2.1 \cdot 10^{67} \left(\frac{M}{M_\odot}\right)^3 \text{ años}$$

donde $\hbar = h/2\pi$. Usando esta expresión, estimar la masa M de un agujero negro capaz de evaporarse en:

a) 1 segundo.
b) 1 siglo.
c) La edad del Universo.

Solución

Despejando la M en la expresión anterior, se obtiene que la masa que corresponde a un tiempo de evaporación dado es

$$M = 3.6 \cdot 10^{-23} \sqrt[3]{t[\text{años}]}\, M_\odot.$$

Sustituyendo los valores del enunciado, para que un agujero negro se evapore en

a) 1 segundo: $M = 1.1 \cdot 10^{-25} M_\odot \approx 230$ toneladas.

b) 1 siglo: $M = 1.7 \cdot 10^{-22} M_\odot \approx 0.33$ millones de toneladas (la pirámide de Keops pesa 5.75 millones de toneladas, con lo que el agujero negro tendría un 6 % de su masa).

c) La edad del Universo (13800 millones de años): $M = 8.6 \cdot 10^{-20} M_\odot \approx 170$ millones de toneladas, unas 30 pirámides de Keops.

Problema 4.34 *Neutrinos solares 2*

Comparar el número de neutrinos por segundo que una persona recibe del Sol (calculado en el problema 20) con el que se recibe de un plátano (ya que una fracción pequeña del potasio natural es radiactivo), o con el que recibimos del fondo cósmico de neutrinos formado 1 segundo después del Big Bang.

Solución

En el problema 20 se ha obtenido se ha obtenido que el número de neutrinos que llegan a una persona provenientes del Sol (creados como neutrinos electrónicos, pero detectados aquí como una mezcla de neutrinos electrónicos, muónicos y tauónicos) es:

$$N_{Sol} = 6.4 \cdot 10^{14} \, \frac{\text{neutrinos}}{\text{s}}$$

No obstante, casi ninguno de estos neutrinos solares interactuará con nuestro cuerpo a lo largo de nuestra vida: es necesario un experimento del tamaño de Super-Kamiokande (50 millones de litros de agua) para poder detectar unos 30 neutrinos (atmosféricos, en su mayoría) al día. Si suponemos que la mayor parte del volumen de una persona interacciona con los neutrinos de forma no muy diferente al agua, cada persona interactuará con 1-2 neutrinos en promedio a lo largo de su vida.

En comparación, un plátano tiene unos 497.8 miligramos de

potasio por cada 100 gramos, así que un plátano promedio, de unos 118 gramos, tendrá 587 miligramos de potasio. De ese potasio, 120 partes por millón (el 0.012 %) son potasio-40, que es radiactivo. Como la masa atómica del potasio-40 es de aproximadamente 40 u, esto hace un total de $1.06 \cdot 10^{18}$ átomos de potasio-40, que multiplicado por su constante de desintegración $\lambda = 1.76 \cdot 10^{-17}\,\mathrm{s}^{-1}$, nos da una actividad de unas 18.6 desintegraciones por segundo (unos 1.61 millones de desintegraciones al día), cada una de ellas emitiendo un neutrino. Si nos ponemos muy cerca, recibimos aproximadamente la mitad de los neutrinos emitidos, es decir:

$$N_{\text{plátano}} = 0.5 \cdot 1.06 \cdot 10^{18} \cdot 1.76 \cdot 10^{-17}\,\mathrm{s}^{-1} = 9.3\,\frac{\text{neutrinos}}{\text{s}}$$

Con lo que recibimos casi cien billones de veces más neutrinos del Sol que los que recibimos de un plátano.

Aparte, en todo momento hay un promedio de 340 neutrinos por centímetro cúbico que provienen del Big Bang, que es el llamado fondo cósmico de neutrinos (aún no observado directamente). Esto implica que una persona de 70 kg, que ocupa unos 71 litros ($71000\,\mathrm{cm}^3$), tiene en todo momento 24 millones de neutrinos del Big Bang en su interior. Como estos neutrinos viajan prácticamente a la velocidad de la luz, el número de neutrinos que atraviesan a una persona cada segundo es

$$N_{\text{Big Bang}} = 340\,\mathrm{cm}^{-3} \cdot 3 \cdot 10^{10}\,\mathrm{cm\,s}^{-1} \cdot 10^4\,\mathrm{cm}^2 = 1.0 \cdot 10^{17}\,\frac{\text{neutrinos}}{\text{s}}$$

pero la sección eficaz de interacción de los neutrinos disminuye muy rápidamente a energías bajas, y estos neutrinos son muy poco energéticos comparados con los que vienen del Sol o de la desintegración beta. Por tanto, aunque recibamos 160 veces menos neutrinos del Sol que del Big Bang, ninguno de éstos interaccionará con una persona a lo largo de su vida.

Galaxias y Cosmología | 5

Las galaxias son sistemas astronómicos formados por estrellas, medio interestelar (gas y polvo[1]) y materia oscura, unidos y estructurados por la fuerza gravitatoria y el campo magnético.

Existen galaxias de muy diversos tipos y tamaños, y su rango de masas es extraordinariamente amplio. Las galaxias menos masivas, llamadas enanas, pueden tener del orden de $10^5 - 10^8 \, M_\odot$ (sin incluir la posible materia oscura), mientras que las más masivas, típicamente situadas en los centros de cúmulos de galaxias, alcanzan masas de $\sim 10^{11} - 10^{12} \, M_\odot$.

Comprender la física de las galaxias es esencial para desentrañar la evolución del universo, ya que constituyen sus bloques fundamentales. En ellas se forman y evolucionan las estrellas; por ello, el estudio de las galaxias nos permite reconstruir la historia del cosmos y entender cómo han surgido las estructuras que observamos hoy.

Existen distintas formas de clasificar las galaxias en función de las propiedades que se consideren. La más conocida es la **clasificación morfológica**, basada en su apariencia. La primera clasificación de este tipo la realizó Edwin Hubble en 1927, a partir del aspecto de las galaxias en el rango visible del espectro electromagnético. Hubble las organizó en un diagrama conocido como *diapasón de Hubble* (figura 5.1), en el que, de izquierda a derecha, se identifican los siguientes tipos: elípticas, lenticulares y espirales. Aunque ha sufrido modificaciones e incorporaciones, este esquema de clasificación continúa utilizándose hoy en día.

1: Llamamos polvo a diminutas partículas sólidas (tamaño $\lesssim 1\mu m$), mezcladas con el gas. Aunque supone apenas un 1% de la masa del medio interestelar, tiene efectos importantes, como la extinción y el enrojecimiento de la luz de las estrellas.

Clasificación morfológica

La clasificación morfológica de galaxias se basa en el aspecto que presentan en el rango visible. Sin embargo, otras propiedades de las galaxias, como el contenido de gas, su capacidad de formar estrellas o la edad de sus poblaciones estelares, suelen correlacionar con su tipo morfológico. A continuación se describen sus principales rasgos morfológicos junto con otras propiedades relevantes:

- **Galaxias elípticas (E):** Presentan formas aproximadamente esfe-

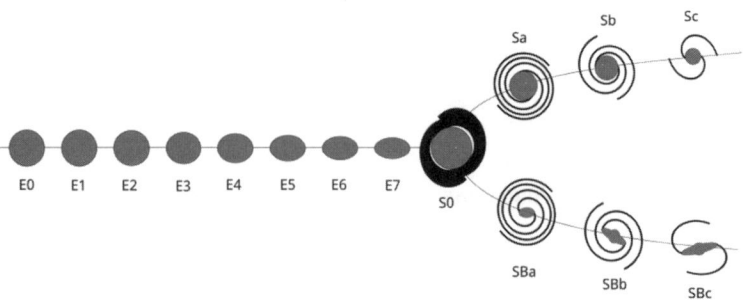

Figura 5.1: Diapasón de Hubble, con la clasificación de galaxias atendiendo a su forma aparente. Las galaxias elípticas (E) se encuentran a la izquierda del diagrama, y las espirales normales (S) y barradas (SB) ocupan las ramas del diapasón. Las galaxias irregulares quedan fuera de esta representación. La imagen ha sido creada por Ikonact (`https://commons.wikimedia.org/wiki/User:Ikonact`) bajo licencia CC BY-SA 3.0 (`https://creativecommons.org/licenses/by-sa/3.0/`).

roidales y una distribución suave de la luz, sin estructuras internas definidas. Se subclasifican según su grado de elongación desde E0 (casi esféricas) a E7 (muy alargadas). Sus poblaciones estelares son, en promedio, viejas y con movimientos poco ordenados, y contienen muy poco gas capaz de dar lugar a nueva formación estelar.

- **Galaxias espirales (S)**: Se caracterizan por sus brazos espirales brillantes, donde se concentra la formación estelar. Los brazos se encuentran en un disco en rotación. Tienen una estructura central esferoidal denominada bulbo. Se subclasifican según la apertura de los brazos espirales y el tamaño del bulbo central, desde Sa (bulbo prominente, brazos cerrados) hasta Sc o Sd (bulbo pequeño, brazos más abiertos). Estas últimas presentan también mayor contenido de gas y estrellas jóvenes. Cuando el núcleo está atravesado por una estructura alargada de estrellas, se denominan barradas (SB), que pueden a su vez subclasificarse como SBa, SBb, etc. (ver figura 5.1).

- **Galaxias lenticulares (S0)**: Poseen un bulbo prominente y un disco en rotación, pero carecen de brazos espirales. Por sus características, suelen considerarse un tipo intermedio entre las elípticas y las espirales.

- **Galaxias irregulares (Irr)**: En la clasificación original de Hubble, esta categoría agrupaba a las galaxias que no encajaban en los tipos anteriores. Actualmente, se identifica así a galaxias pequeñas sin una forma definida, ricas en gas frío, con intensa formación estelar y que emiten mucha luz azul de sus estrellas jóvenes. Las galaxias en interacción o fusión, así como las que hoy denominamos *starburst*, estaban incluidas en esta categoría inicialmente.

Al igual que en capítulos anteriores, esta introducción presentará sólo algunas propiedades de las galaxias, que son relevantes para la resolución de los problemas propuestos. Una de ellas tiene que ver con la dinámica de galaxias. Su estudio proporciona una información muy valiosa sobre la distribución de masas. En particular, analizamos la rotación del disco de gas y estrellas alrededor del centro de una galaxia espiral.

Curvas de rotación (galaxias espirales)

La **curva de rotación** de una galaxia espiral muestra cómo cambia la velocidad de rotación (V) de las estrellas y del gas en función de la distancia al centro galáctico (R). La astrónoma Vera Rubin (1928-2016) realizó un detallado y extenso estudio observacional y descubrió que las curvas de rotación (figura 5.2) no decrecen con el radio galactocéntrico como se esperaba por la distribución de luz, lo que sugiere la presencia de materia oscura.

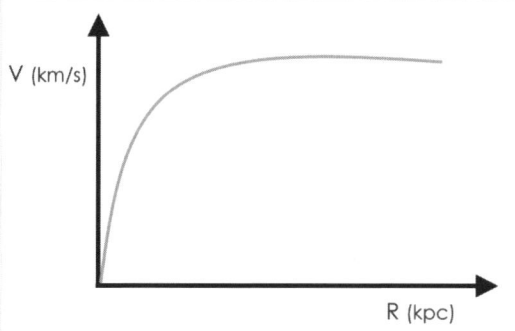

Figura 5.2: Esquema de la curva de rotación típica de una galaxia espiral, o equivalentemente, de la velocidad a la que rotan el gas y las estrellas en función de su distancia al centro galáctico. En la parte central, correspondiente al bulbo, la velocidad crece rápidamente hasta un valor máximo, que se mantiene prácticamente constante hasta grandes distancias galactocéntricas.

Usando las leyes de la dinámica, podemos relacionar la velocidad de rotación $V(R)$ a una cierta distancia galactocéntrica R, con la masa contenida dentro de dicho radio, $M(< R)$:

$$V(R) = \sqrt{\frac{GM(< R)}{R}} \tag{5.1}$$

donde G es la constante de gravitación universal. Esta ecuación es muy útil, pues nos permite estimar la masa de una galaxia simplemente midiendo la curva de rotación a grandes distancias de su centro. La masa determinada de este modo se denomina **masa dinámica**, por ser la masa que explica la rotación observada. Incluye, por tanto, la presencia de posible materia oscura.

Constantes de Oort

2: La velocidad de rotación del Sol en torno al centro galáctico es de unos 220 km s^{-1}. El **año galáctico** es el tiempo que tarda el Sol en completar una órbita alrededor del centro de la Vía Láctea, aproximadamente 230 millones de años.

Nuestra Galaxia, la Vía Láctea, es una galaxia espiral. Por tanto, las estrellas y gas del disco rotan en torno al centro[2]. El astrónomo J.H. Oort (1900-1992) demostró que la rotación de la galaxia era diferencial (no se trataba de una rotación de sólido rígido). Para describir matemáticamente esta rotación, introdujo dos constantes, A y B, denominadas **constantes de Oort**, que tienen la siguiente expresión:

$$A = +\frac{1}{2}\left[\frac{V_0}{R_0} - \left(\frac{dV}{dR}\right)_{R=R_0}\right]$$

$$B = -\frac{1}{2}\left[\frac{V_0}{R_0} + \left(\frac{dV}{dR}\right)_{R=R_0}\right]$$

donde los subíndices 0 indican valores en la vecindad solar, y V es la velocidad de rotación de la galaxia a una distancia R del centro galáctico. De este modo, la suma $A + B = -(dV/dR)_{R=R_0}$ da el valor local del gradiente de la curva de rotación de nuestra Galaxia (cambiado de signo), y $A - B = V_0/R_0$ da la frecuencia angular de rotación a nuestra distancia del centro galáctico.

El conocimiento de las distancias a los objetos celestes es una tarea fundamental y uno de los mayores desafíos de la Astrofísica. Sin embargo, es esencial para poder transformar nuestras observaciones de propiedades aparentes (como la magnitud, el flujo de radiación o el tamaño angular) en propiedades físicas intrínsecas de los objetos, tales como la luminosidad, el tamaño físico real o la masa. Sin embargo, no existe un método único capaz de medir distancias de forma precisa en todo el rango de escalas cósmicas. Sí disponemos de ciertos indicadores o métodos, cada uno de ellos válido en un rango de distancias determinado. Se denomina **escalera cósmica de distancias**, a la sucesión de todos estos métodos de medición de distancias (o *peldaños*) que se aplican progresivamente a objetos cada vez más lejanos. Cada método se calibra con los métodos del peldaño anterior. Es fundamental para la Cosmología y, en particular, para la determinación del ritmo de expansión del universo:

Escalera cósmica de distancias

La "escalera cósmica" para la medida de distancias extragalácticas, incluye (entre otros) los siguientes métodos para estimar distancias a galaxias:

- **Relación periodo-luminosidad de cefeidas:** Las estrellas variables cefeidas tienen una relación bien definida entre su periodo de pulsación P y su luminosidad L (H.S. Leavitt 1868-1921):

$$\log(L) = \alpha \log P + \beta$$

donde α y β son constantes. En la banda V esta ecuación toma la siguiente expresión:

$$M_V = -2.78 \log\left(\frac{P[\text{días}]}{10}\right) - 4.13$$

- **Relaciones Tully-Fisher y Faber-Jackson**: Vinculan la luminosidad de una galaxia con su velocidad de rotación (Tully-Fisher), en el caso de las galaxias espirales, o con la dispersión de velocidades de sus estrellas (Faber-Jackson), en el caso de las elípticas.
  En particular, la ley de Tully-Fisher establece una relación lineal entre la luminosidad de la galaxia y su velocidad de rotación a la cuarta potencia:

$$L \propto V^4$$

o, de forma equivalente, entre su magnitud absoluta y 10 veces el logaritmo de su velocidad de rotación:

$$M = -10 \log V + C$$

siendo C una constante que depende del filtro usado en la magnitud absoluta.

- **Supernovas de tipo Ia**: Estas explosiones estelares presentan una luminosidad máxima prácticamente uniforme, lo que las convierte en excelentes indicadores de distancia. A partir de la expresión del módulo de distancia, y expresando la distancia en Mpc, se obtiene:

$$\log r[\text{Mpc}] = \frac{m - M - 25}{5}$$

donde el valor de la magnitud absoluta M es (aproximadamente) común a todas las supernovas de tipo Ia. De este modo, la observación de la magnitud aparente m, permite determinar la distancia r a la galaxia donde ha ocurrido la explosión de supernova, denominada *galaxia anfitriona*.

A continuación se definen los conceptos básicos de la Cosmología Física que serán de utilidad para abordar los problemas presentados en este capítulo. El cambio de mentalidad necesario para comprender estos conceptos es que la Cosmología no se ocupa de los astros que pueblan el Universo, sino que el objeto último de estudio es el Universo en sí mismo (en particular su evolución temporal).

Comenzaremos con el **desplazamiento al rojo cosmológico**, que surge de la expansión del Universo, y que nos lleva a plantearnos cómo se comparan las distancias actuales con las distancias en el pasado.

Desplazamiento al rojo cosmológico Desplazamiento al rojo: z

Factor de escala: $a(t) \equiv R(t)/R_0$

El desplazamiento al rojo cosmológico z se obtiene a partir de la siguiente expresión:

$$1 + z = \frac{R_0}{R(t)} \left(= \frac{a_0}{a(t)} \right) \tag{5.2}$$

En esta ecuación $R(t)$ es una cierta **escala de distancia**, y $R_0 = R(t = t_0)$ es el valor de dicha escala en el instante actual (t_0). Se suele fijar el origen de tiempos $t = 0$ en el propio Big Bang, con lo que t_0, además de representar el instante actual, es la edad del Universo. Por otro lado, como vemos, se define una versión adimensional de $R(t)$ que es $a(t)$, el **factor de escala**, cuyo valor hoy se suele fijar en 1: $a_0 = 1$. Esto hace que la relación entre el factor de escala $a(t) \equiv R(t)/R_0$ y el desplazamiento al rojo cosmológico z sea $a = 1/(1 + z)$.

Parámetro de Hubble Parámetro de Hubble: $H(t) \equiv \dot{a}(t)/a(t)$

La función de Hubble o parámetro de Hubble se define como:

$$H(t) = \frac{d \ln a(t)}{dt} = \frac{1}{a(t)} \frac{da(t)}{dt} = \frac{\dot{a}(t)}{a(t)} \tag{5.3}$$

Esta función mide el ritmo de expansión del Universo a cada instante t. Su valor en el presente $H(t = t_0)$ es lo que conocemos como **constante de Hubble**: $H(t = t_0) = H_0$ (que aparece en la ley de Hubble-Lemaître), y por tanto, mide el ritmo de expansión del Universo en el instante actual[a].

Notar que, lo mismo que $H(t)$ representa una medida de la primera derivada del factor de escala, se puede definir también una cantidad relacionada con la derivada segunda, que para hacerla adimensional, se divide por la función $H^2(t)$. Por razones históricas, se le incluye también un signo menos y se le denomina **parámetro de deceleración**[3] $q(t)$

$$q(t) = -\frac{1}{a(t)}\frac{1}{H^2(t)}\frac{d^2a(t)}{dt^2} = -\frac{a(t)\ddot{a}(t)}{\dot{a}(t)^2} \quad (5.4)$$

A la expresión del factor de escala $a(t)$ como función de su valor en el presente y el de sus derivadas (desarrollo de Taylor en torno al instante actual) se le conoce como *expansión cosmográfica*.

---

[a] Aunque H_0 tiene unidades de frecuencia, por conveniencia (para su uso en la ley de Hubble-Lemaître) se suele medir en unidades de km s^{-1} Mpc^{-1}. Su valor aproximado de 70 km s^{-1} Mpc^{-1} equivale a que la distancia entre galaxias aumenta en una fracción de 7 milmillonésimas por cada siglo.

3: El signo menos, y por tanto el nombre de parámetro de deceleración, se debe a motivos históricos, ya que no fue hasta 1998 cuando se supo que su valor en el instante actual es negativo, es decir, el Universo se acelera, no se frena (Premio Nobel de Física 2011).

Ley de Hubble-Lemaître   Constante de Hubble: H_0

La **ley de Hubble-Lemaître** establece que:

$$cz = H_0 r \quad (5.5)$$

donde H_0 es la **constante de Hubble**, y c es la velocidad de la luz.

En la interpretación original, el producto $cz \equiv v_r$ (que resulta ser *positivo* para objetos distantes) es un *alejamiento* Doppler de dichos objetos respecto a nuestra Galaxia. No obstante, la interpretación moderna de esta relación es que se debe a una expansión del espacio (todos los objetos se alejan entre sí). Por tanto, esta ecuación es una evidencia observacional de la **expansión del Universo**.

La interpretación moderna de la expansión del Universo se deduce de los principios de homogeneidad (inexistencia de un observador privilegiado) e isotropía (inexistencia de una dirección de observación privilegiada), lo que se conoce como **principio cosmológico**. No solo es una hipótesis de trabajo, sino que se ha comprobado observacionalmente para escalas mayores de ≈ 100 Mpc. Gracias a esta simplificación, las ecuaciones diferenciales a resolver son ecuaciones diferenciales ordinarias, cuya única dependencia es la variable temporal t.

Usando el principio cosmológico, se demuestra que el espacio-tiempo del Universo se puede describir con la métrica de Friedmann-Lemaître-Robertson-Walker (FLRW), que es solución de las ecuaciones de campo de Einstein de la Relatividad General. Sustituyendo la métrica FLRW en las ecuaciones de campo de Einstein se obtiene la ecuación de Friedmann, que describe la expansión del Universo.

Al igual que las ecuaciones de Einstein, esta ecuación relaciona la geometría del espacio-tiempo (incluyendo su posible curvatura) con su contenido de materia-energía.

Ecuación de Friedmann

La (primera) ecuación de Friedmann tiene la siguiente expresión:

$$\left(\frac{\dot{R}(t)}{R(t)}\right)^2 = \frac{8\pi G}{3}\rho(t) - \frac{\tilde{k}c^2}{R^2(t)} \tag{5.6}$$

donde $\dot{R}(t)$ representa la derivada temporal de $R(t)$, es decir $dR(t)/dt$, y G es la constante de gravitación universal. Vemos que la solución $R(t)$ de esta ecuación diferencial depende, para una curvatura espacial $\tilde{k}$ dada[4], de cómo evoluciona la densidad del Universo $\rho(t)$. Esta densidad es en realidad la suma de las densidades $\rho_i(t)$ de cada una de las componentes del Universo (radiación, materia, y energía oscura), con lo que $\rho(t) \equiv \Sigma_i \rho_i(t)$.

La evolución del Universo viene determinada por la forma en la que se diluye la densidad de su componente dominante en cada época (época de la radiación, época de la materia, época de la energía oscura). Por este motivo, en inglés se dice que esta ecuación implica que *density is destiny*.

Aunque en este capítulo usaremos la expresión anterior, la ecuación de Friedmann viene expresada habitualmente en términos del factor de escala $a(t)$, con lo que ésta será la función incógnita, en lugar de $R(t)$. Además, usando la ecuación 5.3, se suele escribir de la siguiente forma:

$$H^2(t) = \frac{8\pi G}{3}\rho(t) - \frac{kc^2}{a^2(t)} \tag{5.7}$$

donde el lado izquierdo de la ecuación en realidad representa al cociente $\dot{a}(t)/a(t)$ al cuadrado. Notar que, a diferencia de $\tilde{k}$ (ver ecuación 5.6), en este caso la curvatura espacial k tiene unidades de inverso de longitud al cuadrado. En los problemas de este capítulo no se hará distinción entre k y $\tilde{k}$, entendiéndose que hay que usar la que corresponda según se utilice la ecuación 5.6 o 5.7.

4: Notar que, al ser $\tilde{k}$ una cantidad adimensional, puede elegirse como -1, 0, o +1, según su signo.

Como vemos, la densidad $\rho(t)$ adquiere un papel fundamental en la expansión del Universo. Es por ello que en Cosmología se suelen definir distintas cantidades relacionadas con la densidad, como mostramos a continuación.

Densidad crítica y parámetros de densidad

Densidad crítica: $\rho_c = 3H_0^2/8\pi G$

Parámetro de densidad de radiación: $\Omega_r = \rho_r/\rho_c$

Parámetro de densidad de materia: $\Omega_m = \rho_m/\rho_c$

Parámetro de densidad de energía oscura: $\Omega_\Lambda = \rho_\Lambda/\rho_c$

Regla de suma cósmica: $\Omega_r + \Omega_m + \Omega_\Lambda = 1 + kc^2/H_0^2$

La utilidad práctica de escribir la ecuación de Friedmann en su forma 5.7 es que, para un universo con curvatura nula, la densidad adquiere la siguiente expresión:

$$\rho(t) = \frac{3H^2(t)}{8\pi G}$$

Si la particularizamos para el instante presente, se denomina **densidad crítica** y su valor es:

$$\rho_c = \rho(t = t_0) = \frac{3H_0^2}{8\pi G} \tag{5.8}$$

Su papel es fundamental a la hora de determinar la geometría del universo, puesto que si la densidad observada del universo resulta mayor o menor que la densidad crítica, la geometría del universo tendrá curvatura positiva o negativa, respectivamente. En el caso de que la densidad observada coincida con la densidad crítica, la curvatura espacial del universo será nula, y la geometría del universo será la habitual (euclídea), en cuyo caso se usa la expresión *universo plano*[a].

Usando la definición de densidad crítica en el instante presente, se pueden definir los llamados **parámetros de densidad**, que no son más que las densidades de cada componente del universo: radiación (r), materia (m), energía oscura (Λ), normalizados a la densidad crítica:

$$\Omega_i = \frac{\rho_i}{\rho_c} \quad i = \text{r, m}, \Lambda$$

Notar que, si particularizamos la ecuación de Friedmann 5.7 en el instante actual (recordando que $a(t = t_0) = 1$), y dividimos ambos miembros de la ecuación entre H_0^2, obtenemos la siguiente relación:

$$1 = \frac{8\pi G}{3H_0^2} \sum_i \rho_i - \frac{kc^2}{H_0^2} = \sum_i \Omega_i - \frac{kc^2}{H_0^2} \implies \sum_i \Omega_i = 1 + \frac{kc^2}{H_0^2}$$

A esta relación se le denomina **regla de suma cósmica**. En el caso del universo sin curvatura $(k = 0)$, como es el caso de nuestro Universo, los parámetros de densidad Ω_i representan la fracción de la densidad de la materia-energía en cada componente, ya que en ese caso se cumple que $\Sigma_i \Omega_i = 1$.

De manera análoga, teniendo en cuenta cómo se diluyen con la expansión la densidad de radiación $\rho_r(a) \propto a^{-4}$, de materia $\rho_m(a) \propto a^{-3}$, y de energía oscura $\rho_\Lambda(a) =$ constante, es posible reescribir la ecuación de Friedmann 5.7 multiplicando y dividiendo el lado derecho de la ecuación por la densidad crítica $\rho_c = 3H_0^2/8\pi G$ (ecuación 5.8), obteniendo:

$$H^2(a) = H_0^2 \left(\Omega_r a^{-4} + \Omega_m a^{-3} + \Omega_\Lambda - \frac{kc^2}{H_0^2} a^{-2} \right) \tag{5.9}$$

[a] Entiéndase que la palabra *plano* aquí no hace alusión a la forma del universo sino a su (ausencia de) curvatura espacial. Por otro lado $k > 0$ representa un universo de extensión finita con la geometría de una esfera, denominado *universo cerrado*, y $k < 0$ corresponde a un universo infinito con la geometría de un paraboloide hiperbólico, denominado *universo abierto*.

5.1. Vía Láctea

Problema 5.1   *Regiones H ɪɪ*

La densidad de electrones típica en una región H ɪɪ es de 10 cm^{-3}, y su temperatura típica es de $\sim 10^4$ K. En estas condiciones el coeficiente de recombinación tiene el valor $\alpha = 3 \cdot 10^{-13}$ cm^3 s^{-1}. Consideramos tres estrellas de la secuencia principal (clase de luminosidad V), pero de distinto tipo espectral, que emiten un cierto número de fotones ionizantes N_*:

- $N_* = 3 \cdot 10^{49}$ s^{-1} (estrella OV)
- $N_* = 4 \cdot 10^{46}$ s^{-1} (estrella BV)
- $N_* = 10^{39}$ s^{-1} (estrella GV)

Calcular, para cada una de estas estrellas:

a) El radio de la región H ɪɪ que podrían generar.
b) El tiempo que tarda la luz en atravesar la región H ɪɪ generada.

Solución

a) El tamaño de una región H ɪɪ puede estimarse con la condición de equilibrio de fotoionización: consideramos el radio al cual se produce el mismo número de procesos de ionización que de recombinación por unidad de volumen (radio de Strömgren, r). Si usamos la habitual hipótesis de considerar simetría esférica y nebulosa compuesta sólo de hidrógeno:

$$\alpha n_p n_e = \frac{N_*}{\frac{4}{3}\pi r^3}$$

donde n_p y n_e son la densidad de iones del hidrógeno (protones) y electrones, respectivamente. Al estar considerando que la región está compuesta sólo por hidrógeno[5], $n_p = n_e$, y el radio de Strömgren vendrá dado por:

$$r = \left(\frac{3 N_*}{4 \pi \alpha n_e^2} \right)^{1/3}$$

5: Es una aproximación válida, pues el 90 % de los átomos del medio interestelar son de hidrógeno.

Sustituyendo los datos que se proporcionan en el enunciado, obtenemos:

- Estrella OV: $r = 20.1$ pc
- Estrella BV: $r = 2.2$ pc
- Estrella GV: $r = 0.0064$ pc

b) Una vez calculado el tamaño de la región, estimamos el tiempo necesario para que un fotón la atraviese (desde la estrella hasta la parte más externa de la región) como $t = r/c$, o equivalentemente, el tamaño en años luz. Sustituyendo los tamaños obtenidos en el apartado anterior, obtenemos:

- Estrella OV: $t = 65.5$ años
- Estrella BV: $t = 7.2$ años
- Estrella GV: $t = 0.021$ años

Podemos ver que el tamaño de la región aumenta rápidamente con la temperatura de la estrella que emite los fotones ionizantes. Para el caso de una estrella que aún está en la secuencia principal y es de tipo espectral G, como el Sol, el radio de Strömgren es muy pequeño (del orden de 1000 UA) comparado con las más brillantes.

Problema 5.2   *Cúmulos abiertos y cúmulos globulares*

Calcular, para un cúmulo abierto y un cúmulo globular:

a) La velocidad aleatoria promedio de sus estrellas, v.

b) La velocidad de escape del cúmulo, v_e.

c) El tiempo característico entre colisiones estelares. Compararlo con el de la vecindad solar, considerando para ésta una densidad de estrellas n de 1 pc^{-3} y velocidad aleatoria de $v = 10$ km s^{-1}. El tiempo característico entre colisiones responde a la expresión:

$$\tau = \frac{v^3}{16\pi n m^2 G^2}$$

Para ello, considerar las siguientes propiedades características de cada sistema: el cúmulo abierto contiene unas 100 estrellas y tiene un radio de 1 pc, mientras que el cúmulo globular contiene del orden de 10^5 estrellas y tiene un radio de unos 10 pc. Suponer que todas las estrellas tienen la masa del Sol $m = M_\odot$.

Solución

a) Para calcular la velocidad aleatoria de las estrellas de un cúmulo hacemos uso del teorema del virial, que relaciona la energía cinética (E_{cin}) y la energía potencial (E_{pot}) en un sistema: $2\,E_{cin} = -E_{pot}$.

Estimamos la energía potencial de un cúmulo de N estrellas de igual masa sabiendo que la energía potencial entre dos estrellas es $-Gm^2/r$ (siendo r la distancia entre ellas), y que el número de pares[6] que debemos considerar si hay N estrellas es $\approx N^2/2$.

Por tanto, podemos expresar el teorema del virial como:

$$2N\frac{1}{2}mv^2 = \frac{N^2}{2}\frac{Gm^2}{r} \Rightarrow v = \sqrt{\frac{GmN}{2r}} \approx \sqrt{\frac{GmN}{2R}}$$

donde hemos aproximado la distancia media entre dos estrellas r por el radio del cúmulo R.

Sustituyendo los valores de N y R en ambos casos, obtenemos $v = 0.5$ km s^{-1} para el cúmulo abierto y $v = 4.7$ km s^{-1} para el cúmulo globular.

b) Deducimos la velocidad de escape (v_e) igualando $|E_{pot}|$ y E_{cin}, por lo que $v_e = \sqrt{2}v$ y, por tanto, es de 0.7 km s^{-1} para el cúmulo abierto y 6.6 km s^{-1} para el globular. A pesar de que la velocidad de escape es mayor que la velocidad aleatoria de las estrellas, sabemos que se produce *evaporación* en los cúmulos, es decir, hay estrellas que escapan de los mismos. Esto es porque la v que hemos calculado es un valor medio, pero en realidad tenemos una distribución de velocidades aleatorias que, en el caso de algunas estrellas, superan la velocidad de escape.

c) Cuando hablamos de colisiones entre estrellas de masa m no nos referimos a choques entre ellas, sino a una desviación importante de su movimiento inicial debido a la interacción gravitatoria con el resto de estrellas. La desviación de la trayectoria inicial será menor cuanto menor sea la densidad de estrellas n y cuanto mayor sea la velocidad relativa entre las estrellas, la calculada en el apartado a).

Si consideramos simetría esférica, y que los cúmulos tienen un radio R, podemos sustituir $n = N/(4\pi R^3/3)$ en la ecuación

6: El número de parejas que se pueden formar con N elementos viene dado por el número combinatorio $\binom{N}{2}$, que es $N(N-1)/2$, y para valores grandes de N, es aproximadamente $N^2/2$.

dada en el enunciado:

$$\tau = \frac{v^3 R^3}{12 N m^2 G^2}$$

Sustituyendo los valores para v obtenidos en el apartado anterior y en el enunciado (en el caso de la vecindad solar) obtenemos un tiempo característico entre colisiones:

- Cúmulo abierto: $\tau = 5.4 \cdot 10^6$ años
- Cúmulo globular: $\tau = 4.5 \cdot 10^9$ años
- Vecindad solar: $\tau = 10^{12}$ años

Entre estrellas del disco galáctico, como es el caso del Sol, las colisiones son muy poco frecuentes. De hecho, hemos obtenido que τ en este caso es mayor que la edad del Universo.

Problema 5.3   *Gas neutro en la Vía Láctea*

Con un radiotelescopio estamos observando nubes de HI en la Vía Láctea. Supongamos que en la dirección con longitud galáctica $l = 45°$ detectamos dos nubes. Una tiene una velocidad en la dirección de observación (v_r) de 60 km s^{-1}. ¿Con qué velocidad veríamos la segunda nube, que dista de nosotros la mitad de la primera?

Nota: La componente en la dirección de observación de la velocidad de un objeto del disco, a una distancia r de nosotros, según la descripción de Oort para la rotación de la Vía Láctea, viene dada por:

$$v_r = A r \operatorname{sen} 2l$$

donde $A = 15$ km s^{-1} kpc^{-1} es una de las constantes de Oort.

Solución

Si en la expresión de v_r despejamos r:

$$r = \frac{v_r}{A \operatorname{sen} 2l} = \frac{60 \,\text{km s}^{-1}}{15 \,\text{km s}^{-1}\,\text{kpc}^{-1} \operatorname{sen} 90°} = 4 \,\text{kpc}$$

La segunda nube, por tanto, estará a una distancia de 2 kpc, y tendrá una velocidad

$$v_r = 15\,\text{km s}^{-1}\text{kpc}^{-1}\,2\,\text{kpc sen}\,90° = 30\,\text{km s}^{-1}$$

Vemos por tanto que, al tener las dos nubes la misma longitud galáctica, la velocidad radial es directamente proporcional a la distancia a la que está la nube de nosotros.

Problema 5.4 *Cúmulos abiertos*

En la figura 5.3 podemos observar el diagrama HR de un cúmulo abierto de nuestra Galaxia, en el que representamos la magnitud aparente en V frente al color $B-V$ para cada una de las estrellas del cúmulo. Estimar la distancia al cúmulo y su edad aproximada. *Datos:* $(B - V)_\odot = 0.65$.

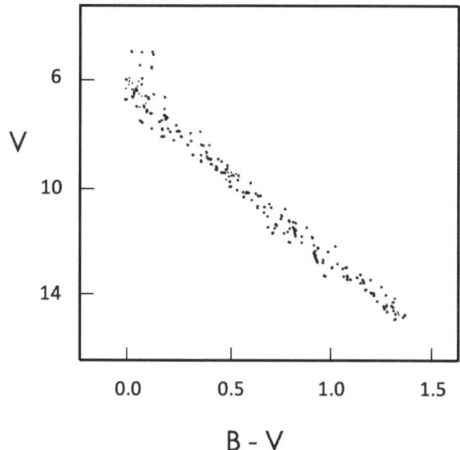

Figura 5.3: Diagrama HR de un cúmulo abierto.

Solución

Si el Sol tiene $(B-V)_\odot = 0.65$, podemos deducir de la figura que, si estuviese a la distancia de este cúmulo, lo observaríamos con una magnitud aparente $V \approx 10.5$, ya que sabemos que está en la secuencia principal. Como conocemos la magnitud absoluta del Sol en V, $M_{V,\odot} = 4.83$, podemos calcular a qué distancia estaría de nosotros si perteneciese al cúmulo problema:

$$m_V - M_V = 5\log r[\text{pc}] - 5 \Rightarrow 10.5 - 4.83 = 5\log r[\text{pc}] - 5$$
$$\Rightarrow r = 136\,\text{pc}$$

Por otra parte, vemos que se trata de un cúmulo joven, ya que la mayoría de sus estrellas están en la secuencia principal, bien definida aún (problema 5.7). Para conocer la edad nos basamos en que todas sus estrellas se formaron a la vez y debemos fijarnos en la estrella más azul de esta secuencia principal, ya que será la próxima en dejar esa fase y, por tanto, su tiempo de vida en la secuencia principal, es decir, su escala de tiempo nuclear, nos dará la edad del cúmulo.

En el diagrama HR vemos que la estrella más azul de la secuencia principal tiene $m_V \approx 6$. Como hemos calculado su distancia, podemos saber la magnitud absoluta:

$$M_V = m_V - 5\log r[\text{pc}] + 5 = 6 - 5\log 136 + 5 = 0.33$$

Si suponemos que su corrección bolométrica es cero, podemos calcular su luminosidad comparándola con la solar:

$$M_{\text{bol}} - M_{\text{bol},\odot} = -2.5\log\left(\frac{L}{L_\odot}\right) \Rightarrow L = 58.1\,L_\odot$$

Las estrellas de la secuencia principal responden a una relación masa-luminosidad que depende de la masa. Consideramos en este caso la relación $L \propto M^3$. Así, la escala de tiempo nuclear, comparándola con la solar, será:

$$t = 10^{10}\,\text{años}\,\frac{M/M_\odot}{L/L_\odot} = 10^{10}\left(\frac{L}{L_\odot}\right)^{-0.67} \approx 6.6\cdot 10^8\,\text{años}$$

que es menor que el tiempo de vida del Sol. La edad aproximada del cúmulo es por tanto de $6.6 \cdot 10^8$ años.

Problema 5.5   *Cúmulos globulares*

El astrónomo alemán Abraham Ilhe descubrió el primer cúmulo globular, ahora llamado M22, en 1665, mientras observaba Saturno. Este cúmulo tiene una magnitud total aparente de 5.1 y un diámetro aparente de 32′. Se ha detectado en este cúmulo una estrella RR-Lyrae con $m_V = 12.5$. Calcular:

a) La distancia y el radio del cúmulo.
b) El número total de estrellas y la masa del cúmulo, suponiendo que son todas de tipo solar.

Solución

a) Las RR-Lyrae son estrellas variables que tienen una $M_V \approx 0$. Como hemos medido su magnitud aparente en V, podemos estimar la distancia a la que está la estrella y, por tanto, el cúmulo globular:

$$m_V - M_V = 5 \log r - 5 \Rightarrow r = 10^{\frac{12.5-0+5}{5}} \, \text{pc} = 3190 \, \text{pc}$$

Tenemos la distancia al cúmulo y su diámetro angular (α), luego el radio del cúmulo (R) será:

$$R \approx \frac{\alpha}{2} r = \frac{9.31 \cdot 10^{-3} \, \text{rad}}{2} \, 3190 \, \text{pc} = 14.85 \, \text{pc} = 45.8 \cdot 10^{16} \, \text{m}$$

b) Podemos conocer también la magnitud absoluta del cúmulo, ya que conocemos su magnitud aparente y distancia:

$$M_V = m_V - 5 \log r + 5 = 5.1 - 5 \log 3190 + 5 = -7.42$$

Esto nos permite comparar con la magnitud absoluta del Sol para estimar la luminosidad total del cúmulo y, considerando que todas sus estrellas tienen aproximadamente la misma L que el Sol, estimamos el número de estrellas del cúmulo (N):

$$M_V - M_{V,\odot} = -2.5 \log \frac{L}{L_\odot} = -2.5 \log \frac{NL_\odot}{L_\odot} = -2.5 \log N$$

$$\Rightarrow N = 10^{\frac{M_V - M_{V,\odot}}{-2.5}} = 7.9 \cdot 10^4 \, \text{estrellas}$$

y, por tanto, la masa del cúmulo sería aproximadamente:

$$M = N M_\odot = 7.9 \cdot 10^4 \cdot 1.988 \cdot 10^{30} \, \text{kg} \approx 1.6 \cdot 10^{35} \, \text{kg}$$

Problema 5.6 *Cúmulos abiertos 2*

Un cúmulo abierto de la Vía Láctea tiene las siguientes características: su diámetro angular (θ) es de 330 arcmin, la velocidad radial de alejamiento con respecto a nosotros es de 43 km s^{-1} y su magnitud aparente es $V = 0.5$. Lo vemos alejarse, por lo que su diámetro angular disminuye a razón de 10^{-11} arcmin s^{-1}. Calcular la distancia al cúmulo (r) usando el método del paralaje cinemático.

Solución

Una hipótesis razonable es considerar que todas las estrellas del cúmulo están a la misma distancia y tienen en promedio la misma velocidad respecto al observador. Si llamamos D al diámetro del cúmulo, el tamaño angular con el que lo observamos será $\theta = D/r$ y su variación:

$$\frac{d\theta}{dt} = \frac{-D}{r^2}\frac{dr}{dt} = \frac{-\theta r}{r^2}\frac{dr}{dt} = \frac{-\theta}{r}v_r$$

de donde podemos calcular la distancia

$$r = -\frac{330\,\text{arcmin} \cdot 43\,\text{km s}^{-1}}{-10^{-11}\,\text{arcmin s}^{-1}} = 1.42 \cdot 10^{18}\,\text{m} \approx 46\,\text{pc}$$

Este método, denominado paralaje cinemático, solamente podemos utilizarlo para calcular distancias a los cúmulos más cercanos, pero nos será muy útil para comparar distancias calculadas con distintos métodos en estos objetos cercanos y afianzar los primeros peldaños de la escalera de distancias.

Problema 5.7   *Diagramas HR*

En la siguiente figura representamos, de forma esquemática, tres diagramas Hertzsprung-Russell (HR), cada uno de una agrupación estelar diferente. Discutir qué objeto puede estar representado en cada uno de ellos.

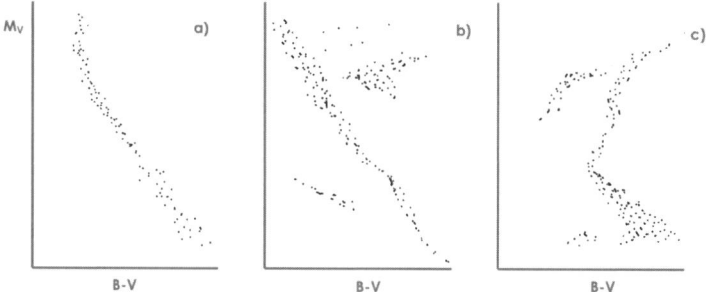

Figura 5.4: Esquema de diagramas HR de tres objetos astronómicos, en los que representamos M_V frente a $B - V$.

Solución

En el diagrama HR representamos cada estrella mediante un punto, según sus propiedades. Podemos representar su luminosidad frente al color (como inicialmente hizo Hertzsprung), su luminosidad frente al tipo espectral (como inicialmente hizo Russell) o usar otras propiedades equivalentes. En este caso hemos representado la magnitud absoluta en V frente al color $(B - V)$.

a) Cúmulo abierto: en un cúmulo de estrellas todas se han formado a la vez. En este caso la secuencia principal está muy definida y solo las estrellas más calientes y luminosas (en la parte izquierda y superior del diagrama) han terminado su fase de secuencia principal y continúan su evolución como supergigantes. Esto quiere decir que se trata de un cúmulo joven.

b) Galaxia: en una galaxia se producen distintos brotes de formación estelar en distintas etapas temporales, por lo que tenemos estrellas que aún están en la secuencia principal, tanto las que se mantienen en esta etapa evolutiva desde hace mucho tiempo (por ser poco masivas) como otras muy luminosas que se han formado en brotes recientes. Por otra parte, hay estrellas en muchas fases evolutivas: enanas blancas, gigantes rojas, estrellas en la rama horizontal...

c) Cúmulo globular: en este caso la secuencia principal es más corta y está menos definida. A partir de un color determinado las estrellas más azules ya no están en esa secuencia, sino que han evolucionado a gigantes rojas y las etapas posteriores. Vemos que está poblada también la rama horizontal y detectamos enanas blancas. Podemos deducir que es un cúmulo (todas las estrellas se formaron en la misma época) pero se trata de un sistema mucho más viejo que el representado en a); sería por tanto un cúmulo globular.

Problema 5.8 *Rotación galáctica y constantes de Oort*

Sabiendo que los valores medidos observacionalmente para las constantes de Oort son $A = 15$ km s^{-1} kpc^{-1} y $B = -10$ km s^{-1} kpc^{-1}, determinar si estos valores son compatibles con una curva de rotación kepleriana para la Vía Láctea. ¿Y con una curva de rotación plana? Considerar que $V_0 = 220$ km s^{-1} y $R_0 = 8$ kpc.

Solución

Siguiendo la teoría de rotación de Oort para la Vía Láctea obtenemos las constantes de Oort, que tienen la expresión:

$$A = \frac{1}{2}\left[\frac{V_0}{R_0} - \left(\frac{dV}{dR}\right)_{R=R_0}\right]$$

$$B = -\frac{1}{2}\left[\frac{V_0}{R_0} + \left(\frac{dV}{dR}\right)_{R=R_0}\right]$$

donde $V(R)$ es la curva de rotación o velocidad de rotación a un radio R. Los subíndices 0 indican valores en la vecindad solar. La expresión de la velocidad de rotación en el caso de la curva kepleriana es:

$$V = \sqrt{\frac{GM}{R}} \Rightarrow \frac{dV}{dR} = -\frac{1}{2}\frac{V}{R}$$

siendo M la masa dentro del radio galactocéntrico R. En este caso

$$A = \frac{3}{4}\frac{V_0}{R_0} = 20.6\,\text{km s}^{-1}\,\text{kpc}^{-1}$$

$$B = -\frac{1}{4}\frac{V_0}{R_0} = -6.9\,\text{km s}^{-1}\,\text{kpc}^{-1}$$

Si consideramos una curva de rotación plana, V es una constante, y $dV/dR = 0$, por lo que

$$A = \frac{1}{2}\frac{V_0}{R_0} = 13.7\,\text{km s}^{-1}\,\text{kpc}^{-1}$$

$$B = -\frac{1}{2}\frac{V_0}{R_0} = -13.7\,\text{km s}^{-1}\,\text{kpc}^{-1}$$

Comparando con los valores observacionales de A y B dados en el enunciado, deducimos que están más próximos a una curva de rotación plana que a una curva de rotación kepleriana.

Problema 5.9   *La curva de rotación de nuestra Galaxia*

Un observador mide la velocidad del gas atómico mediante la línea de 21 cm a una longitud galáctica $l = 30°$. En esta dirección detecta para este gas una velocidad máxima v_{max} = 90 km s^{-1}. Determinar la masa contenida en el radio al que corresponde esa velocidad, considerando que el Sol se mueve a 220 km s^{-1} respecto al centro galáctico y está a una distancia de unos 8 kpc del mismo.

Solución

Denotamos como V la velocidad de un objeto respecto al centro de la galaxia (CG), R la distancia del objeto al CG y v y r la velocidad y distancia del objeto respecto al Sol.

Para determinar la masa galáctica M dentro del radio R consideramos órbitas circulares, por lo que

$$\frac{V^2(R)}{R} = \frac{GM(R)}{R^2} \Rightarrow M(R) = \frac{RV^2}{G} \tag{5.10}$$

por lo que para estimar la masa contenida en el radio R debemos conocer el radio y la velocidad orbital a la que se mueve el gas en esa posición.

Para radios galactocéntricos en los que la curva de rotación es plana, la proyección de la velocidad en la dirección de observación (para una determinada longitud galáctica l) será máxima cuando la dirección de observación sea tangente a la órbita del gas (ver figura 5.5).

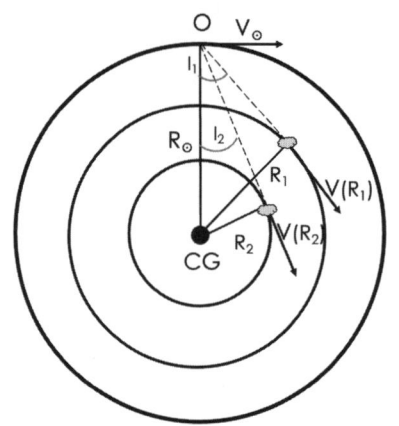

Figura 5.5: Esquema de la rotación de la Vía Láctea. CG indica el centro de la Galaxia y O la posición del Sol. Se representa la rotación de dos objetos del disco de nuestra Galaxia, que observamos a una longitud galáctica l_1 y l_2 respectivamente y están a distancia R_1 y R_2 del centro galáctico. $R_\odot$ y $V_\odot$ son la distancia del Sol al centro de la galaxia y su velocidad de rotación.

Podemos estimar el radio para el que observamos esa velocidad máxima como

$$R = R_\odot \operatorname{sen} l = 4 \, \text{kpc}$$

y la velocidad de rotación a partir de

$$v_{max} = V(R) - V_\odot \operatorname{sen} l \Rightarrow V(R) = v_{max} + V_\odot \operatorname{sen} l = 200 \, \text{km s}^{-1}$$

Por lo que podemos calcular la masa usando la ecuación 5.10:

$$M(R \le 4 \, \text{kpc}) = \frac{4 \cdot 10^3 \cdot 3.086 \cdot 10^{16} \, \text{m} \cdot (200 \cdot 10^3 \, \text{m s}^{-1})^2}{6.674 \cdot 10^{-11} \, \text{kg}^{-1} \, \text{m}^3 \, \text{s}^{-2}}$$

$$= 7.4 \cdot 10^{40} \, \text{kg} = 3.7 \cdot 10^{10} \, M_\odot$$

Si observamos en distintas direcciones (diferentes longitudes galácticas) este método, conocido como "método del punto tangente", nos permite obtener distintos valores de la curva de rotación de la Vía Láctea.

Problema 5.10   *Extinción interestelar*

Estimar el valor del parámetro R_V ($R_V = A_V/E_{B-V}$) para el caso en el que la extinción se deba exclusivamente al *scattering* de Rayleigh (en el que $A_\lambda \propto \lambda^{-4}$) y para el caso en el que la extinción dependa de λ^{-1}.

Solución

Podemos escribir el exceso de color $E_{B-V} = A_B - A_V$. Por otra parte, sabemos que la extinción en magnitudes para una longitud de onda λ dada, A_λ, depende de la longitud de onda como $A_\lambda \propto \lambda^x$, donde $x = -4$ en el primer caso y $x = -1$ en el segundo. Las longitudes de onda en las que están centrados los filtros son: 5500 Å para V y 4450 Å para el filtro B. Por tanto:

$$R_V = \frac{A_V}{A_B - A_V} = \frac{1}{\left(\frac{4450}{5500}\right)^x - 1}$$

Sustituyendo el valor de x en cada caso, deducimos que $R_V = 0.75$ cuando la extinción se produce por el *scattering* de Rayleigh, y $R_V = 4.24$ si la extinción depende de λ^{-1}. Por tanto, para una extinción A_V fija, el *scattering* de Rayleigh produce un mayor enrojecimiento en el espectro del astro (mayor E_{B-V}) que una extinción que depende con λ^{-1}. Como referencia, el valor promedio de R_V para el medio interestelar de la Vía Láctea es de 3.1.

5.2. Otras galaxias

7: En los espectros en radio es frecuente utilizar como unidad la velocidad en lugar de la longitud de onda, por la relación entre estas dos magnitudes mediante la ley del desplazamiento Doppler $\Delta\lambda = \lambda\Delta v/c$.

Problema 5.11 *Relación de Tully-Fisher y materia oscura*

Medimos la línea de 21 cm (producida por el hidrógeno atómico) de una galaxia mediante un radiotelescopio. Presenta la forma usual de doble pico, con una separación[7] entre ellos de 490 km s^{-1}. Además, la galaxia se observa también con un telescopio infrarrojo, midiéndose una magnitud en la banda K de $m_K = 10$. Sabiendo que la galaxia tiene una inclinación de 56°, calcular:

a) La velocidad en la parte plana de la curva de rotación de la galaxia.

b) Su distancia, a partir de dicha velocidad y del brillo observado, suponiendo que cumple la ley de Tully-Fisher en la banda K, dada por la ecuación:

$$M_K = -10\log V + 0.77 \qquad (5.11)$$

donde V ha de expresarse en km s^{-1}.

c) Demostrar que la ecuación anterior se corresponde con una ley del tipo $L_K \propto V^4$.

d) Suponiendo una relación masa-luminosidad estelar $(M/L)_K = 0.5\,(M_\odot/L_{K,\odot})$, que el gas supone un 15 % de la masa estelar, y que la curva de rotación llega hasta un radio de 25 kpc, estimar la cantidad de materia oscura en la galaxia hasta ese radio. Tener en cuenta que la magnitud absoluta del Sol en la banda K es $M_{K,\odot} = 3.29$.

Solución

a) Cuando observamos una galaxia espiral en ondas de radio a 21 cm, es frecuente que su espectro presente dos picos bien marcados en torno a la posición esperada para esta línea en el espectro. Ello se debe a que la curva de rotación de estas galaxias tiene una parte plana (en que la velocidad no cambia con la distancia). Por tanto, hay una masa de gas neutro considerable que tiene la misma velocidad de rotación. Por este motivo aparecen estos picos con mayor flujo. La posición de los picos en el espectro marca, por tanto, la velocidad de la parte plana de la curva de rotación en la parte que se aleja y la que se acerca a nosotros, de modo que su separación Δv es proporcional al doble de la amplitud de la curva de rotación V. Por otro lado, la inclinación del disco de la galaxia con respecto al plano del cielo, i, hace que la velocidad observada sea la componente en la dirección de la línea de visión (V sen i). Por tanto, tenemos que la amplitud de la curva de rotación en su parte plana V cumplirá:

$$\Delta v = 2V \,\text{sen}\, i$$

de donde, sustituyendo los valores proporcionados para $\Delta v = 490$ km s^{-1} e $i = 56°$ tenemos:

$$V = 295.5 \,\text{km s}^{-1}$$

b) Con la velocidad calculada, y aplicando la ecuación 5.11 podemos estimar la magnitud absoluta de la galaxia en la banda K:

$$M_K = -10 \log 295.5 + 0.77 = -23.94 \,\text{mag}$$

Podemos utilizar este resultado, junto con la magnitud aparente observada y la ecuación del módulo de distancia, para estimar la distancia a la galaxia[8]:

$$m_K - M_K = 5 \log r[\text{pc}] - 5$$

donde r es la distancia a la fuente en parsecs. Por tanto:

$$\log r[\text{pc}] = \frac{m_K - M_K + 5}{5} = 7.79$$

Así, la distancia a la galaxia es:

$$r = 10^{7.79} \,\text{pc} = 61.7 \,\text{Mpc}$$

c) La magnitud absoluta de la galaxia en la banda K, M_K, puede relacionarse con su luminosidad en la misma banda (usando como referencia, por ejemplo, la magnitud absoluta y

8: En este caso utilizaremos la ecuación en esta forma, despreciando el término de extinción, ya que al tratarse de la banda K en el infrarrojo, su valor es muy pequeño.

luminosidad solares) como:

$$M_K - M_{K,\odot} = -2.5 \log \frac{L_K}{L_{K,\odot}} \qquad (5.12)$$

Si en esta ecuación sustituimos la relación $L_K = kV^4$ (donde k es una constante de proporcionalidad) y reordenamos los términos, tenemos:

$$M_K = -2.5 \log \frac{kV^4}{L_{K,\odot}} + M_{K,\odot}$$

de donde, usando las propiedades de los logaritmos, podemos escribir:

$$M_K = -10 \log V + \left(M_{K,\odot} - 2.5 \log \frac{k}{L_{K,\odot}} \right)$$

donde el término entre paréntesis es una constante, y vemos que la expresión coincide con la ecuación 5.11.

d) Finalmente, se nos pide estimar la cantidad de materia oscura en la galaxia dentro de un radio de 25 kpc. Comenzaremos calculando la masa estelar. Podemos hacerlo usando la relación M/L de 0.5 del enunciado. Para ello, necesitamos calcular la luminosidad de la galaxia, que puede hacerse fácilmente a partir de la ecuación 5.12, de modo que:

$$L_K = L_{K,\odot} \cdot 10^{-0.4(M_K - M_{K,\odot})}$$
$$= 10^{10.892} L_{K,\odot} = 7.8 \cdot 10^{10} L_{K,\odot}$$

por lo que la masa estelar (en masas solares) es:

$$M_* = 0.5 \cdot L_K \frac{M_\odot}{L_{K,\odot}} = 3.9 \cdot 10^{10} M_\odot$$

Si consideramos que la masa del gas es $\approx 15\,\%$ de la masa estelar de la galaxia (M_*), podemos calcular la masa bariónica (M_{bar}, estrellas + gas) como:

$$M_{\text{bar}} = 1.15\, M_* = 4.48 \cdot 10^{10}\, M_\odot$$

Por otro lado, podemos calcular la masa total encerrada en un radio de 25 kpc suponiendo el equilibrio entre la atracción gravitatoria y la centrífuga en ese punto:

$$M_{\text{tot}} = \frac{V^2 \cdot R}{G}$$

Teniendo en cuenta que la constante de gravitación universal, en unidades más convenientes para este caso, toma un valor $G = 4.3 \cdot 10^{-3} \, \text{pc} \, (\text{km s}^{-1})^2 \, M_\odot^{-1}$ obtenemos que:

$$M_{\text{tot}} = \frac{(295.5 \, \text{km s}^{-1})^2 \cdot 25 \cdot 10^3 \, \text{pc}}{4.3 \cdot 10^{-3} \, \text{pc} \, (\text{km s}^{-1})^2 \, M_\odot^{-1}} = 5.1 \cdot 10^{11} \, M_\odot$$

Esta masa es mucho mayor que la calculada anteriormente para la componente bariónica, de modo que la fracción de masa en materia oscura, M_{MO}, será:

$$M_{\text{MO}} = \frac{M_{\text{tot}} - M_{\text{bar}}}{M_{\text{tot}}} = 0.912$$

Es decir, el 91.2 % de la masa interior a un radio de 25 kpc está en forma de materia oscura, y solamente un 8.8 % está en forma de materia ordinaria o bariónica.

Problema 5.12   *Distancias a otras galaxias*

La galaxia NGC 7331 es una galaxia espiral, similar a M31. Su diámetro angular es $\theta = 10.5'$ y su magnitud aparente en la banda V es $m_V = 10.35$, mientras que estos parámetros para M31 son 3.0° y 3.44. Calcular la relación de distancias entre estas dos galaxias, suponiendo que:

a) Ambas tienen el mismo diámetro en kpc.
b) Ambas tienen la misma luminosidad.

Solución

No es fácil estimar la distancia a una galaxia. Para las más cercanas tenemos mejores métodos, como por ejemplo la relación periodo-luminosidad de las cefeidas. Pero en galaxias más lejanas es difícil observar e identificar objetos individuales, y debemos utilizar otros métodos, algunos de ellos calibrados a partir de los anteriores. A veces aprovechamos la similitud entre propiedades de galaxias parecidas, la cual nos permite calcular distancias basándonos en ellas. Y eso es lo que hacemos en este problema:

a) Si r es la distancia a una galaxia, podemos relacionar su diámetro real con el diámetro angular como $D = \theta r$. Suponemos $D_1 = D_2$, por tanto

$$\frac{r_2}{r_1} = \frac{\theta_1}{\theta_2} = \frac{10.5'}{180'} = 0.06$$

Es decir, NGC 7331 estaría casi 17 veces más distante de nosotros que M31.

b) Si tienen la misma luminosidad, la magnitud absoluta será también idéntica $M_1 = M_2$. A partir de la definición de módulo de distancia en ambos casos, tenemos

$$m_1 - m_2 = 5\log\frac{r_1}{r_2} \Rightarrow \frac{r_2}{r_1} = 10^{\frac{m_2-m_1}{5}} = 0.04$$

En este caso NGC 7331 sería unas 25 veces más distante que M31.

Como vemos, al tratarse de métodos aproximados, no obtenemos el mismo resultado en ambos casos, como sería de esperar. Pero estadísticamente, y si no disponemos de mejores métodos, pueden ser útiles para estimar distancias aproximadas a otras galaxias.

Problema 5.13   *Cefeidas y determinación de distancias*

En dos galaxias cercanas de coordenadas galácticas ($l_1 = 38°$, $b_1 = 36°$), ($l_2 = 142°$, $b_2 = 65°$) se observa una cefeida en cada una, con el mismo periodo y con magnitudes aparentes respectivas $m_{V,1} = 14.5$ y $m_{V,2} = 16.2$. Por otra parte, se sabe que la extinción interna produce unos excesos de color en cada una de $E_{B-V,1} = 0.20$ y $E_{B-V,2} = 0.35$. ¿Cuál es la razón entre las distancias a las dos galaxias? ¿Qué datos se necesitarían para poder calcular las distancias de forma absoluta?

Las hipótesis que se han de considerar son: a) la extinción interestelar dentro de nuestra Galaxia se produce en una capa homogénea de gas y polvo de unos 300 pc de espesor situada simétricamente respecto al plano galáctico, produciéndose en ella una extinción en la banda V $a_V = 1$ mag/kpc; b) las curvas de extinción de ambas galaxias son iguales y similares a las de nuestra Galaxia, con $R_V \approx 3$.

Solución

Sabemos que para una estrella variable de tipo cefeida tenemos una relación que nos permite conocer su magnitud absoluta si somos capaces de medir el periodo de variación de su brillo. Por el enunciado sabemos que ambas cefeidas tienen el mismo periodo, por lo que tienen la misma magnitud absoluta.

Por otro lado, conocemos la expresión del módulo de distancias en caso de que exista extinción (ecuación 2.2). En este caso, al estar observando fuera de nuestra Galaxia, debemos considerar dos contribuciones a la extinción: la que se produce en la galaxia donde se encuentra la cefeida ($A_{V,\text{gal}}$) y además la extinción que sufren los fotones al atravesar nuestra Galaxia ($A_{V,\text{VL}}$). Es decir:

$$m_V - M_V = 5\log r - 5 + A_V = 5\log r - 5 + A_{V,\text{VL}} + A_{V,\text{gal}} \quad (5.13)$$

Para estimar $A_{V,\text{VL}}$ debemos considerar el recorrido de los fotones que inciden en la Vía Láctea, que dependerá de la latitud de la galaxia a la que pertenece la cefeida y del espesor del disco de la Vía Láctea (H):

$$A_{V,\text{VL}} = \frac{H/2}{\text{sen}\, b}\, a_V$$

en este caso $H = 0.30$ kpc y $a_V = 1$ mag kpc^{-1}, por lo que $A_{V,\text{VL1}} = 0.26$ y $A_{V,\text{VL2}} = 0.17$.

Ahora vamos a calcular $A_{V,\text{gal}}$ sabiendo que las curvas de extinción de estas dos galaxias son iguales a las de la nuestra. Por tanto:

$$A_{V,\text{gal}} = R_V \cdot E_{B-V} = 3 \cdot E_{B-V}$$

Si sustituimos los valores del enunciado, deducimos que $A_{V,\text{gal1}} =$

0.6 y $A_{V,\text{gal2}} = 1.05$.

Con todo esto, y usando la ecuación 5.13, podemos plantear el sistema de ecuaciones:

$$14.5 - M_V = 5\log r_1 - 5 + 0.26 + 0.6$$
$$16.2 - M_V = 5\log r_2 - 5 + 0.17 + 1.05$$

de donde deducimos la relación entre sus distancias:

$$\frac{r_1}{r_2} = 0.54$$

Para conocer de forma absoluta sus distancias bastaría medir la curva de luz de una de ellas, que nos permitiría conocer el periodo de variabilidad y por tanto la magnitud absoluta.

Problema 5.14 *La distancia a M33*

M33 es una galaxia espiral del Grupo Local, con magnitud aparente visual de 6.16. En esta galaxia observamos una estrella variable cefeida, con un periodo de 10 días y una magnitud visual aparente de 20.6 magnitudes. También observamos en rayos X un sistema binario, el X-7, cuyo periodo de rotación es de 3.45 días. Si pudiésemos medir la separación máxima entre sus componentes veríamos que es de 10^{-12} radianes y la relación en masa de sus componentes es de 4.47, estando la más masiva aún en la secuencia principal.

a) Calcular la distancia a M33.
b) Calcular la masa de cada una de las componentes del sistema binario.
c) Estimar el tiempo de vida de la componente del sistema binario que está en la secuencia principal.
d) ¿Cuál puede ser la naturaleza de la otra componente?
e) ¿Qué velocidad de rotación tendrá M33 a gran radio galactocéntrico?
f) Si el radio de M33 es de 25 kpc, estimar la masa de esta galaxia.

Datos: considerar para la luminosidad y velocidad de rotación de la Vía Láctea los valores $L_{\text{VL}} = 10^{10} L_{\odot}$ y $V_{\text{VL}} = 218\,\text{km s}^{-1}$, respectivamente.

Solución

a) Para calcular la distancia a M33 tenemos en cuenta la relación periodo-luminosidad que caracteriza a las estrellas variables de tipo cefeida, donde M_V es la magnitud absoluta de la estrella en la banda V y P es su periodo en días:

$$M_V = -2.78 \log \left(\frac{P \, [\text{días}]}{10} \right) - 4.13 = -2.78 \log \left(\frac{10}{10} \right) - 4.13$$

$$= -4.13$$

Como conocemos su magnitud aparente visual, si consideramos que no hay extinción y hacemos uso de la expresión del módulo de distancias:

$$\log r = \frac{m_V - M_V + 5}{5} = \frac{20.6 + 4.13 + 5}{5} = 5.95$$

por lo que $r = 883$ kpc.

b) Primero estimamos la masa del sistema binario M', teniendo en cuenta la tercera ley de Kepler, que simplificamos usando como unidades el año, la $M_\odot$ y la UA (ver problema 3.1):

$$a[\text{UA}]^3 = M'[M_\odot] \, T[\text{años}]^2$$

donde a es el semieje mayor de la órbita, que consideraremos circular, y que por tanto podemos calcular a partir del ángulo de separación máxima α (en radianes) y la distancia a la galaxia:

$$a = \alpha r = 0.182 \, \text{UA}$$

Como conocemos el periodo T, que expresado en años es $9.45 \cdot 10^{-3}$, calculamos la masa como

$$M' = \frac{a[\text{UA}]^3}{T[\text{años}]^2} = \frac{0.182^3}{(9.45 \cdot 10^{-3})^2} = 67.5 \, M_\odot$$

Una vez que conocemos la masa del sistema binario y tenemos la relación entre sus masas, podemos calcular la masa de cada una de sus componentes a partir del siguiente sistema:

$$\begin{cases} \frac{m_1}{m_2} = 4.47 \\ \\ M' = m_1 + m_2 = 67.5 M_\odot \end{cases}$$

por lo que $m_1 = 55.2\,M_\odot$ y $m_2 = 12.3\,M_\odot$

c) El tiempo de vida de una estrella en la secuencia principal viene dado por (ver problema 4.22):

$$t = 10^{10}\,\text{años}\,\frac{M/M_\odot}{L/L_\odot}$$

Como en la secuencia principal podemos considerar válida la relación masa-luminosidad $L/L_\odot = (M/M_\odot)^3$, tenemos $t = 3.3 \cdot 10^6$ años.

d) Dado que se trata de un sistema binario que emite en rayos X y cuya separación entre componentes es muy pequeña, es razonable considerar que una de las componentes ha llenado su lóbulo de Roche y transfiere material al objeto más compacto, que probablemente sea un agujero negro. Este material se calienta hasta alcanzar temperaturas del orden de millones de grados, emitiendo radiación en el rango de los rayos X.

e) Estimamos la velocidad de rotación mediante la relación Tully-Fisher, que vincula la luminosidad de una galaxia con su velocidad de rotación máxima.

$$L \propto V^4$$

En general esta velocidad de rotación máxima se mantiene aproximadamente constante hasta grandes distancias del centro en galaxias espirales. Calculamos la luminosidad de M33 a partir de su magnitud absoluta, estimada a su vez sabiendo la magnitud aparente y la distancia, considerando la expresión del módulo de distancias:

$$M_V = m_V - 5\log r + 5 = 6.16 - 5\log(883 \cdot 10^3) + 5 = -18.57$$

por tanto

$$L_{\text{M33}} = 10^{\frac{M_{V,\text{M33}} - M_{V,\odot}}{-2.5}} = 10^{\frac{-18.57 - 4.83}{-2.5}} = 2.29 \cdot 10^9 L_\odot$$

y para estimar la velocidad máxima de rotación de M33 comparamos con los valores de la Vía Láctea:

$$\frac{L_{M33}}{L_{VL}} = \left(\frac{V_{M33}}{V_{VL}}\right)^4 \Rightarrow$$

$$V_{M33} = \left(\frac{L_{M33}}{L_{VL}}\right)^{1/4} V_{VL} = \left(\frac{2.29 \cdot 10^9 L_\odot}{10^{10} L_\odot}\right)^{1/4} 218\,\mathrm{km\,s^{-1}} = 150\,\mathrm{km\,s^{-1}}$$

f) Si consideramos la galaxia completa podemos calcular su masa dinámica teniendo en cuenta la velocidad de rotación máxima que hemos estimado en el apartado anterior, mediante la expresión:

$$\frac{V_{M33}^2}{R} = \frac{GM_{M33}}{R^2}$$

Sabemos que

$$R = 25\,\mathrm{kpc} \cdot 10^3\,\frac{\mathrm{pc}}{\mathrm{kpc}}\,3.086 \cdot 10^{16}\,\frac{\mathrm{m}}{\mathrm{pc}} = 7.70 \cdot 10^{20}\,\mathrm{m}$$

por tanto, la masa dinámica de la galaxia M33 es

$$M_{M33} = \frac{RV_{M33}^2}{G}$$

$$= \frac{7.70 \cdot 10^{20}\,\mathrm{m} \cdot (1.5 \cdot 10^5\,\mathrm{m\,s^{-1}})^2}{6.67430 \cdot 10^{-11}\,\mathrm{N\,m^2\,kg^{-2}}} = 2.59 \cdot 10^{41}\,\mathrm{kg}$$

$$= 1.30 \cdot 10^{11}\,M_\odot$$

Problema 5.15 *Velocidades peculiares y expansión cósmica*

Sabiendo que el valor característico de las velocidades peculiares de las galaxias en relación al flujo de Hubble es de unos 300 km s^{-1}, estimar la distancia a partir de la cual la velocidad peculiar introduce una incertidumbre inferior al 5 % en la medida de su distancia.

Solución

Si llamamos v a la velocidad de recesión y V a la velocidad peculiar de una galaxia, queremos calcular la distancia r a partir de la cual

$$\frac{V}{v} = \frac{V}{H_0 r} < 0.05 \Rightarrow$$

$$r > \frac{V}{0.05 H_0} = \frac{300\,\text{km s}^{-1}}{0.05 \cdot 70\,\text{km s}^{-1}\text{Mpc}^{-1}} = 86\,\text{Mpc}$$

En galaxias cercanas no debemos utilizar la ley de Hubble para calcular distancias, ya que los movimientos peculiares, debidos a la interacción gravitatoria entre galaxias cercanas, predominan frente al flujo de Hubble debido a la expansión del Universo.

Diremos entonces que las velocidades peculiares, al contribuir con un desplazamiento al rojo tipo Doppler, *contaminan* el desplazamiento al rojo debido al flujo de Hubble, y por tanto son una fuente de error en la determinación de la constante de Hubble.

5.3. Cosmología

Problema 5.16 *Universo de Einstein-de Sitter*

El universo de Einstein-de Sitter es un tipo de universo de materia fría (no relativista) en el que la expansión y la atracción gravitatoria se compensan, haciendo que la curvatura espacial sea nula. Determinar la expresión que tiene la velocidad de expansión $\dot{R}(t)$ como función únicamente del tiempo. Para ello es necesario resolver $R(t)$ y suponer como condición inicial que el radio del universo en el Big Bang es cero. Razonar si este universo se acelera o se frena.

Solución

Resolvemos la ecuación de Friedmann (ecuación 5.6) para el caso en el que no hay curvatura y en el que la función densidad decrece con el inverso del volumen, es decir, como el inverso del factor de escala $R(t)/R_0$ al cubo:

$$\left(\frac{\dot{R}(t)}{R(t)}\right)^2 = \frac{8\pi G}{3}\rho_0 \frac{R_0^3}{R(t)^3}$$

Esta ecuación diferencial se puede resolver separando variables, obteniendo:

$$R(t)^{1/2}dR = \sqrt{\frac{8\pi G\rho_0 R_0^3}{3}}\,dt$$

La solución se calcula por tanto mediante integración:

$$R(t)^{3/2} = \frac{3}{2}\sqrt{\frac{8\pi G\rho_0 R_0^3}{3}}\,t + C$$

siendo C una constante que podemos determinar aplicando la condición inicial $R(t = 0) = 0$. Evaluando la expresión anterior en $t = 0$ obtenemos que el valor de la constante es $C = 0$. Simplificando la expresión anterior:

$$R(t) = \sqrt[3]{6\pi G\rho_0 R_0^3}\, t^{2/3}$$

Una vez tenemos la solución, podemos obtener una expresión para $\dot{R}(t)$:

$$\dot{R}(t) = \frac{2}{3}\sqrt[3]{6\pi G\rho_0 R_0^3}\, t^{-1/3} = \sqrt[3]{\frac{16\pi G\rho_0 R_0^3}{9}}\, t^{-1/3}$$

que vemos que es una función decreciente del tiempo. De hecho, derivando una vez más la expresión anterior, se obtiene que la aceleración $\ddot{R}(t)$ es negativa, con lo que es un universo que se frena con el tiempo, aunque nunca llega a detener del todo su expansión ($\dot{R}(t)$ solo se anula cuando $t \to \infty$).

Problema 5.17 *Universo de Einstein-de Sitter: edad*

Calcular la edad del universo (en millones de años) para el modelo de Einstein-de Sitter, suponiendo que el valor de la constante de Hubble es 70 km s^{-1} Mpc^{-1}.

Solución

La forma más directa de resolver el problema es partiendo del resultado del problema 5.16, en el que el factor de escala crece como $R(t) \propto t^{2/3}$. Aplicando la definición del parámetro de Hubble (mejor dicho *función* de Hubble), $H(t) \equiv \dot{R}(t)/R(t)$, se obtiene que:

$$H(t) = \frac{2}{3}\frac{1}{t}$$

Si lo evaluamos en el instante actual $t = t_0$ (es decir, t_0 es la edad del universo, ya que el origen de tiempos $t = 0$ es el propio Big Bang), y sabiendo que $H(t_0)$ es precisamente la constante de Hubble H_0, se obtiene una edad de:

$$t_0 = \frac{2}{3}\frac{1}{H_0}$$

Aplicando los factores de conversión para cancelar km y Mpc en las unidades de H_0 (km s^{-1} Mpc^{-1}), se obtiene un valor de

$$H_0 = 70\,\mathrm{km\,s^{-1}\,Mpc^{-1}}\frac{10^3\,\mathrm{m}}{1\,\mathrm{km}}\frac{1\,\mathrm{Mpc}}{3.086\cdot10^{22}\,\mathrm{m}} = 2.27\cdot10^{-18}\,\mathrm{s^{-1}}$$

y sustituyendo, llegamos al resultado de

$$t_0 = \frac{2}{3}\frac{1}{2.27 \cdot 10^{-18}\,\mathrm{s}^{-1}} = 2.94 \cdot 10^{17}\,\mathrm{s}$$

Es decir, unos 9300 millones de años. Este valor es mucho menor de la edad estimada para el Universo, y contradice los resultados de la datación por otros métodos, en particular, por la edad de los cúmulos globulares. Lo cual quiere decir que este modelo no es aceptable para nuestro Universo, o lo que es lo mismo, dado que nuestro Universo parece tener geometría plana (esa hipótesis sí parece estar apoyada por las observaciones, en particular por el fondo cósmico de microondas), no puede estar compuesto exclusivamente de materia, como asume este modelo de Einstein-de Sitter.

Problema 5.18 *Universo de Einstein-de Sitter: densidad*

Deducir cuánto valdrá la densidad actual del universo para el modelo de Einstein-de Sitter a partir de la ecuación de Friedmann. Expresar el resultado en unidades de la masa del protón por metro cúbico, suponiendo que el valor de la constante de Hubble es $70\,\mathrm{km\,s^{-1}\,Mpc^{-1}}$.

Solución

Si expresamos la ecuación de Friedmann (ecuación 5.6) para este universo sin curvatura ($k = 0$), despejamos la densidad y evaluamos en el momento presente, encontramos la expresión de la densidad crítica, que solo depende de la constante de Hubble y de la constante de gravitación universal:

$$\rho_c = \frac{3H_0^2}{8\pi G}$$

Sustituyendo el valor de la constante de Hubble en s^{-1} calculado en el problema 5.17, $H_0 = 2.27 \cdot 10^{-18}\,\mathrm{s}^{-1}$, la densidad es

$$\rho_c = \frac{3 \cdot (2.27 \cdot 10^{-18}\,\mathrm{s}^{-1})^2}{8\pi \cdot 6.674 \cdot 10^{-11}\,\mathrm{kg}^{-1}\,\mathrm{m}^3\,\mathrm{s}^{-2}} = 9.20 \cdot 10^{-27}\,\mathrm{kg\,m}^{-3}$$

Usando el factor de conversión $1m_p = 1.673 \cdot 10^{-27}$ kg, obtenemos finalmente que la densidad actual del universo según este modelo es:

$$\rho_c = 9.20 \cdot 10^{-27} \text{ kg m}^{-3} \frac{1 m_p}{1.673 \cdot 10^{-27} \text{ kg}} = 5.5 \ m_p \text{ m}^{-3}$$

En realidad, ésta es la densidad correcta para un universo que se expande hoy con esa constante de Hubble pero, en general, ese valor no representa una densidad de materia ordinaria sino del total de materia y energía del Universo. En el modelo cosmológico ΛCDM la materia ordinaria constituye el 5 % de la total, así que, aunque el Universo tenga una densidad total equivalente a 5.5 protones por cada metro cúbico, la materia ordinaria apenas contribuye con el equivalente a 0.275 protones por cada metro cúbico. De hecho, el 75 % de la materia ordinaria es hidrógeno, con lo que realmente hay unos 0.2 protones libres en cada metro cúbico de universo (en promedio).

Problema 5.19   *Universo dominado por radiación*

Considerar un universo sin curvatura, como indican las medidas del fondo cósmico de microondas. Partiendo de la ecuación de Friedmann, resolver la ecuación diferencial que cumplirá $R(t)$ para un universo de radiación, en el que se cumple la relación $\rho(t)R(t)^4 = \rho_0 R_0^4$. Estimar la edad del universo y comparar con el resultado del problema 5.17.

Solución

Este problema se resuelve de forma análoga al del universo de Einstein-de Sitter, así que repetiremos los pasos realizados en el problema 5.16. Resolvemos la ecuación de Friedmann (ecuación 5.6) para el caso en el que no hay curvatura ($k = 0$) y en el que la función densidad decrece con $R(t)^{-4}$ como indica el enunciado:

$$\left(\frac{\dot{R}(t)}{R(t)}\right)^2 = \frac{8\pi G}{3} \rho_0 \frac{R_0^4}{R(t)^4}$$

Esta ecuación diferencial se puede resolver separando variables, obteniendo:

$$R(t)dR = \sqrt{\frac{8\pi G\rho_0 R_0^4}{3}}\,dt$$

La solución se calcula por tanto mediante integración:

$$R(t)^2 = 2\sqrt{\frac{8\pi G\rho_0 R_0^4}{3}}\,t + C$$

siendo C una constante que podemos determinar aplicando la condición inicial $R(t = 0) = 0$, así que evaluando la expresión anterior en $t = 0$ obtenemos que el valor de la constante es $C = 0$. Simplificando la expresión anterior:

$$R(t) = \sqrt[4]{\frac{32\pi G\rho_0 R_0^4}{3}}\,t^{1/2}$$

Una vez tenemos la solución, podemos calcular cuánto vale $\dot{R}(t)$:

$$\dot{R}(t) = \frac{1}{2}\sqrt[4]{\frac{32\pi G\rho_0 R_0^4}{3}}\,t^{-1/2} = \sqrt[4]{\frac{2\pi G\rho_0 R_0^4}{3}}\,t^{-1/2}$$

que vemos que es una función decreciente del tiempo. De hecho, derivando una vez más la expresión anterior, se obtiene que la aceleración $\ddot{R}(t)$ es negativa, con lo que es un universo que se frena con el tiempo, aunque nunca llega a detener del todo su expansión ($\dot{R}(t)$ solo se anula cuando $t \to \infty$).

A diferencia del universo de Einstein-de Sitter, el factor de escala crece como $R(t) \propto t^{1/2}$ en lugar de $t^{2/3}$, con lo que un universo dominado por fotones y partículas relativistas (por ejemplo, el universo temprano, antes de la formación del fondo cósmico de microondas) es un universo que se frena más bruscamente que el universo dominado por materia, cuando se empezaron a formar las estructuras en el universo[9].

Y para un mismo valor de la constante de Hubble, es también un universo más joven, puesto que $t_0 = (1/2)H_0^{-1}$, que es menor que $t_0 = (2/3)H_0^{-1}$ para el universo de Einstein-de Sitter (ver problema 5.17).

9: La solución obtenida describe los instantes iniciales del Universo (aproximadamente los primeros 50 000 años después del Big Bang), ya que al terminar el periodo inflacionario (la fase conocida como *reheating*), el Universo estaba dominado por radiación (fotones, neutrinos y partículas relativistas).

Problema 5.20   *Materia y energía del universo*

Estimar la cantidad de masa-energía contenida en un universo sin curvatura y con un radio de 46 500 millones de años luz (el radio del universo observable). Usando la expresión del radio de horizonte de sucesos de un agujero negro sin rotación ni carga eléctrica (radio de Schwarzschild), calcular el radio de un agujero negro que tuviera esa misma masa.

Solución

El radio de Schwarzschild (r_S) es la distancia a la cual la velocidad de escape de un agujero negro de una masa dada es igual a la velocidad de la luz, siendo mayor que ésta para distancias menores a dicho radio (y por tanto delimita una región causalmente disconexa del espacio-tiempo). A partir de esta definición, se obtiene que $r_s = 2GM/c^2$ (ver nota al margen del problema 2.13), que se puede expresar usando los factores de conversión correspondientes como $r_s \simeq 3(M/M_\odot)$ km.

En un universo sin curvatura ($k = 0$), la densidad total (incluyendo fotones, neutrinos, materia ordinaria, materia oscura, y energía oscura) es igual a la densidad crítica, unos $9.20 \cdot 10^{-27}$ kg m^{-3} como se ha visto en el problema 5.18 (el resultado es general para cualquier tipo de universo plano, no solamente para el modelo de Einstein-de Sitter).

Multiplicando esta densidad por el volumen del universo observable, se obtiene una masa-energía total de

$$M = 9.20 \cdot 10^{-27} \, \text{kg m}^{-3} \frac{4}{3}\pi \left(46500 \cdot 10^6 \cdot 9.46 \cdot 10^{15} \, \text{m}\right)^3$$

$$= 3.28 \cdot 10^{54} \, \text{kg} \, \frac{1 \, M_\odot}{1.988 \cdot 10^{30} \, \text{kg}} = 1.65 \cdot 10^{24} \, M_\odot$$

El radio de Schwarzschild que corresponde a esta masa es de

$$r_s \simeq 3(M/M_\odot) \, \text{km} = 3 \cdot 1.65 \cdot 10^{24} \, \text{km}$$

$$= 4.95 \cdot 10^{24} \, \text{km} \, \frac{1 \, \text{año luz}}{9.46 \cdot 10^{12} \, \text{km}} = 5.23 \cdot 10^{11} \, \text{años luz}$$

Es decir, unos 500 000 millones de años luz. Comparando con

el dato del enunciado, el universo observable tiene un tamaño diez veces *menor* que su propio horizonte de sucesos.

Problema 5.21   *La expansión vence a la gravedad*

Estimar para qué objetos astrofísicos la expansión es capaz de vencer a la fuerza gravitatoria. Calcular si un cúmulo de masa $10^{15} M_\odot$ y radio 1 Mpc, o si el supercúmulo *Laniakea* con una masa de $10^{17} M_\odot$ y un semieje mayor de 80 Mpc, pueden mantenerse ligados gravitacionalmente.

Solución

Vamos a considerar que la energía (cinética) asociada al flujo de Hubble se puede interpretar como una fuerza. Al igual que ocurre con el campo gravitatorio, la fuerza viene dada por el gradiente de la energía correspondiente. Usando la ley de Hubble-Lemaître $v = H_0 r$ (ecuación 5.5), que es válida para desplazamientos al rojo $0.01 \lesssim z \gtrsim 0.1$ y por tanto para objetos de tamaño menores de 1 Gpc, podemos calcular cuál es el gradiente de energía asociado a la energía cinética debida a la expansión, lo cual nos dará una idea de las *fuerzas de marea* que la expansión ejerce entre los extremos del objeto.

La energía cinética es $(1/2)mv^2 = (1/2)mH_0^2 r^2$, siendo m la masa de una partícula prueba colocada a distancia r del centro del objeto. El gradiente es por tanto $mH_0^2 r$, que corresponde a una fuerza que *tira* hacia fuera, y el gradiente por unidad de masa es $H_0^2 r$, que corresponde a una aceleración que tiende a *desligar* el objeto.

Por contra, la energía potencial gravitatoria es GMm/r siendo M la masa total del objeto, y por tanto su gradiente por unidad de masa es GM/r^2, que es la aceleración que atrae cualquier masa hacia el centro del objeto.

Con lo cual podemos encontrar el valor de r para el cual ambas aceleraciones se compensan:

$$H_0^2 r = GM/r^2$$

Como el efecto de la expansión crece con r, cualquier objeto de masa M cuyo radio R supere este valor umbral

$$R > r_{max} = \sqrt[3]{\frac{GM}{H_0^2}}$$

no podrá mantenerse ligado, ya que la expansión lo impide. Tomando un valor de $H_0 = 70$ km s^{-1} Mpc^{-1} y convirtiendo el valor de la constante de gravitación universal a unas unidades más convenientes, $G = 43 \cdot 10^{-10}$ Mpc (km s^{-1})^2 $M_\odot^{-1}$, se obtiene la siguiente expresión:

$$r_{max} = \sqrt[3]{\frac{GM}{H_0^2}} \simeq 10^{-4} \left(\frac{M}{M_\odot}\right)^{1/3} \text{Mpc} \tag{5.14}$$

Si suponemos un cúmulo de masa $M = 10^{15}\, M_\odot$ y radio $R = 1$ Mpc, según la ecuación 5.14, este cúmulo se mantendría ligado, ya que en este caso $r_{max} = 10$ Mpc y por tanto $R < r_{max}$. En cambio, los supercúmulos de galaxias no son sistemas ligados. Tomemos como ejemplo el supercúmulo *Laniakea*, al que pertenece nuestra Galaxia, que tiene un semieje mayor de 80 Mpc y una masa de $10^{17}\, M_\odot$. Según la ecuación 5.14, la expansión domina a partir de $r_{max} \simeq 50$ Mpc, con lo que Laniakea, cuyo semieje mayor supera esta cantidad ($R > r_{max}$), no puede ser un sistema ligado gravitacionalmente.

Problema 5.22   *Cuando el Universo empezó a acelerar*

Considerando un universo plano solamente con materia (ordinaria y oscura) y energía oscura, obtener el desplazamiento al rojo de la luz emitida:

a) En el instante en el que la expansión del universo comenzó a acelerar por el efecto de la energía oscura.

b) En el instante en el que la densidad de la energía oscura comenzó a ser mayor que la de la materia.

Datos: suponer que el universo está compuesto por un 30 % de materia y un 70 % de energía oscura.

Solución

a) En cosmografía se define el parámetro de deceleración de la siguiente manera (ecuación 5.4):

$$q \equiv -\frac{\ddot{a}a}{\dot{a}^2}$$

cuyo valor en el instante actual denotaremos por $q_0 \equiv q(t = t_0)$. Usando la definición de parámetro de Hubble $H \equiv \frac{\dot{a}}{a}$ y derivándola con respecto al tiempo, obtenemos que

$$\dot{H} = \frac{\ddot{a}a - \dot{a}^2}{a^2} = \frac{\ddot{a}a}{a^2} - H^2 \implies \ddot{a}a = a^2\left(\dot{H} + H^2\right)$$

Sustituyendo en la definición del parámetro de deceleración, se obtiene:

$$q = -\frac{\dot{H} + H^2}{H^2} = -\left(\frac{\dot{H}}{H^2} + 1\right) \tag{5.15}$$

con lo que la transición de deceleración a aceleración ($q = 0$) cumple la siguiente condición:

$$\dot{H}_{q=0} = -H^2_{q=0} \tag{5.16}$$

Calculamos la derivada del parámetro de Hubble en función de los parámetros cosmológicos. Particularizando la ecuación 5.9 para un universo plano ($k = 0$) con solamente materia y energía oscura, se tiene que $H = H_0\sqrt{\Omega_m a^{-3} + \Omega_\Lambda}$, con lo que su derivada temporal es:

$$\dot{H} = H_0 \frac{1}{2\sqrt{\Omega_m a^{-3} + \Omega_\Lambda}}\left(-3\Omega_m a^{-4}\dot{a}\right)$$

$$= \frac{H_0^2}{2H}\left(-3\Omega_m a^{-3}H\right) = -\frac{3}{2}\Omega_m H_0^2 a^{-3}$$

donde hemos multiplicado numerador y denominador por H_0 y hemos usado que $\dot{a} = aH$. Por tanto, la condición $\dot{H}_{q=0} = -H^2_{q=0}$ (ecuación 5.16) queda como sigue:

$$-\frac{3}{2}\Omega_m H_0^2 a^{-3} = -H_0^2\left(\Omega_m a^{-3} + \Omega_\Lambda\right)$$

Simplificando, la condición se reduce a:

$$\frac{3}{2}\Omega_m a^{-3} = \Omega_m a^{-3} + \Omega_\Lambda \implies a^{-3} = \frac{\Omega_\Lambda}{\Omega_m/2}$$

Como $a = 1/(1 + z)$ (ecuación 5.2), la aceleración comienza para un desplazamiento al rojo dado por:

$$(1 + z) = \sqrt[3]{\frac{2\Omega_\Lambda}{\Omega_m}}$$

que, si consideramos los valores del enunciado, $\Omega_m = 0.30$ y $\Omega_\Lambda = 0.70$ se obtiene que la aceleración comienza a un desplazamiento al rojo $z = 0.63$.

Notar que se puede llegar a esta misma condición sustituyendo la derivada $\dot{H}$ en la expresión que hemos obtenido del parámetro de deceleración (ecuación 5.15):

$$q = -\left(\frac{\dot{H}}{H^2} + 1\right) = \frac{(3/2)\Omega_m a^{-3}}{\Omega_m a^{-3} + \Omega_\Lambda} - 1 = \frac{1}{2}\Omega_m(a) - \Omega_\Lambda(a)$$

siendo

$$\Omega_m(a) \equiv \frac{\Omega_m a^{-3}}{\Omega_m a^{-3} + \Omega_\Lambda}$$

y

$$\Omega_\Lambda(a) \equiv \frac{\Omega_\Lambda}{\Omega_m a^{-3} + \Omega_\Lambda}$$

Igualando a cero, se obtiene que el parámetro de deceleración se anula cuando $(1/2)\Omega_m(a) = \Omega_\Lambda(a)$, que implica la relación que hemos encontrado como solución $a^{-3} = 2\Omega_\Lambda/\Omega_m$.

b) Por otro lado, la energía oscura (que, al contrario que la materia, no se diluye con la expansión) empieza a ser la componente dominante del universo a partir del instante en el que su densidad de energía se iguala a la de materia:

$$\Omega_m a^{-3} = \Omega_\Lambda \implies (1 + z) = \sqrt[3]{\frac{\Omega_\Lambda}{\Omega_m}}$$

que como vemos, difiere en un factor $\sqrt[3]{2}$ del resultado anterior. El desplazamiento al rojo correspondiente, suponiendo los valores anteriores de los parámetros cosmológicos, es $z = 0.32$.

Tablas de definiciones y constantes

1. Magnitudes físicas y símbolos utilizados

Símbolo	Magnitud física que representa en este libro
a	elevación o altura, semieje mayor
A	acimut
b	latitud galáctica
d	distancia
D	diámetro
e	excentricidad, vector de Laplace-Runge-Lenz
E	energía mecánica
f	flujo recibido o brillo
F	flujo en la superficie de la fuente
h	elevación o altura, constante de Planck
H	ángulo horario, parámetro de Hubble
i	ángulo de inclinación
l	longitud galáctica
ℓ	momento angular por unidad de masa
L	luminosidad, momento angular orbital
m	magnitud aparente, masa
M	magnitud absoluta, masa
n	densidad de partículas
N	número (de partículas, de moles, de reacciones...)
P	presión, periodo
r	distancia, vector posición
R	radio, distancia galactocéntrica
S	superficie, momento angular de rotación
t	tiempo
T	temperatura, periodo
v	velocidad
α	ascensión recta, semieje mayor angular, semilatus rectum
β	latitud eclíptica
δ	declinación
ϵ	oblicuidad de la eclíptica
ε	integral de energía, emisividad
κ	opacidad o extinción, coeficiente de absorción
λ	longitud de onda, longitud eclíptica
μ	módulo de distancias, brillo superficial (magnitudes/arcosegundo^2), movimiento propio, masa reducida, peso molecular medio
Π	ángulo de paralaje
ρ	densidad
τ	tiempo característico
ϕ	latitud del lugar, anomalía verdadera

2. Constantes físicas y astronómicas

Símbolo	Constante física	Valor
c	velocidad de la luz en el vacío	299792458 m s^{-1}
G	constante de gravitación universal	$6.67430 \cdot 10^{-11}$ m^3 kg^{-1} s^{-2}
k_B	constante de Boltzmann	$1.380649 \cdot 10^{-23}$ J K^{-1}
σ	constante de Stefan-Boltzmann	$5.670374419 \cdot 10^{-8}$ W m^{-2} K^{-4}
R	constante molar de los gases	8.314462618 J mol^{-1} K^{-1}
h	constante de Planck	$6.62607015 \cdot 10^{-34}$ J s
H_0	constante de Hubble	70 km s^{-1} Mpc^{-1} (aprox.)
u	unidad de masa atómica	$1.66053906892 \cdot 10^{-27}$ kg
m_p	masa del protón	$1.67262192369 \cdot 10^{-27}$ kg
m_e	masa del electrón	$9.1093837015 \cdot 10^{-31}$ kg
e	carga del electrón	$1.602176634 \cdot 10^{-19}$ C
N_A	número de Avogadro	$6.02214076 \cdot 10^{23}$ mol^{-1}

Símbolo	Cantidad	Valor
UA	unidad astronómica	$1.49597870700 \cdot 10^{11}$ m
pc	pársec	$3.085677581496 \cdot 10^{16}$ m
ly	año luz	$9.46073 \cdot 10^{15}$ m
$R_\odot$	radio solar	$6.957 \cdot 10^{8}$ m
$M_\odot$	masa solar	$1.98841 \cdot 10^{30}$ kg
$L_\odot$	luminosidad solar (bolométrica)	$3.828 \cdot 10^{26}$ W
$R_\oplus$	radio de la Tierra	$6.3710 \cdot 10^{6}$ m
$M_\oplus$	masa de la Tierra	$5.97217 \cdot 10^{24}$ kg
R_L	radio de la Luna	$1.7374 \cdot 10^{6}$ m
M_L	masa de la Luna	$7.346 \cdot 10^{22}$ kg
d_{TL}	semieje mayor del sistema Tierra-Luna	$3.844 \cdot 10^{8}$ m
T_L	período orbital (mes sidéreo) y rotacional de la Luna	$2.3605915 \cdot 10^{6}$ s (27.3217 días)
f_0	punto cero de la magnitud aparente bolométrica	$2.518021002 \cdot 10^{-8}$ W m^{-2}
L_0	punto cero de la magnitud absoluta bolométrica	$3.0128 \cdot 10^{28}$ W
$m_{\text{bol},\odot}$	magnitud aparente bolométrica solar	-26.832 mag
$M_{\text{bol},\odot}$	magnitud absoluta bolométrica solar	4.74 mag
$m_{V,\odot}$	magnitud aparente visual solar	-26.74 mag
$M_{V,\odot}$	magnitud absoluta visual solar	4.83 mag
$T_{\text{ef},\odot}$	temperatura efectiva en la superficie solar	5772 K

3. Prefijos

Símbolo	Prefijo	Valor	Símbolo	Prefijo	Valor
d	deci	10^{-1}	D	deca	10^{+1}
c	centi	10^{-2}	H	hecto	10^{+2}
m	mili	10^{-3}	k	kilo	10^{+3}
μ	micro	10^{-6}	M	mega	10^{+6}
n	nano	10^{-9}	G	giga	10^{+9}
p	pico	10^{-12}	T	tera	10^{+12}
f	femto	10^{-15}	P	peta	10^{+15}
a	atto	10^{-18}	E	exa	10^{+18}